Klasse 3-6

Angelika Rehm

Geometrie mit dem Zirkel

So werde ich Zirkelprofi!

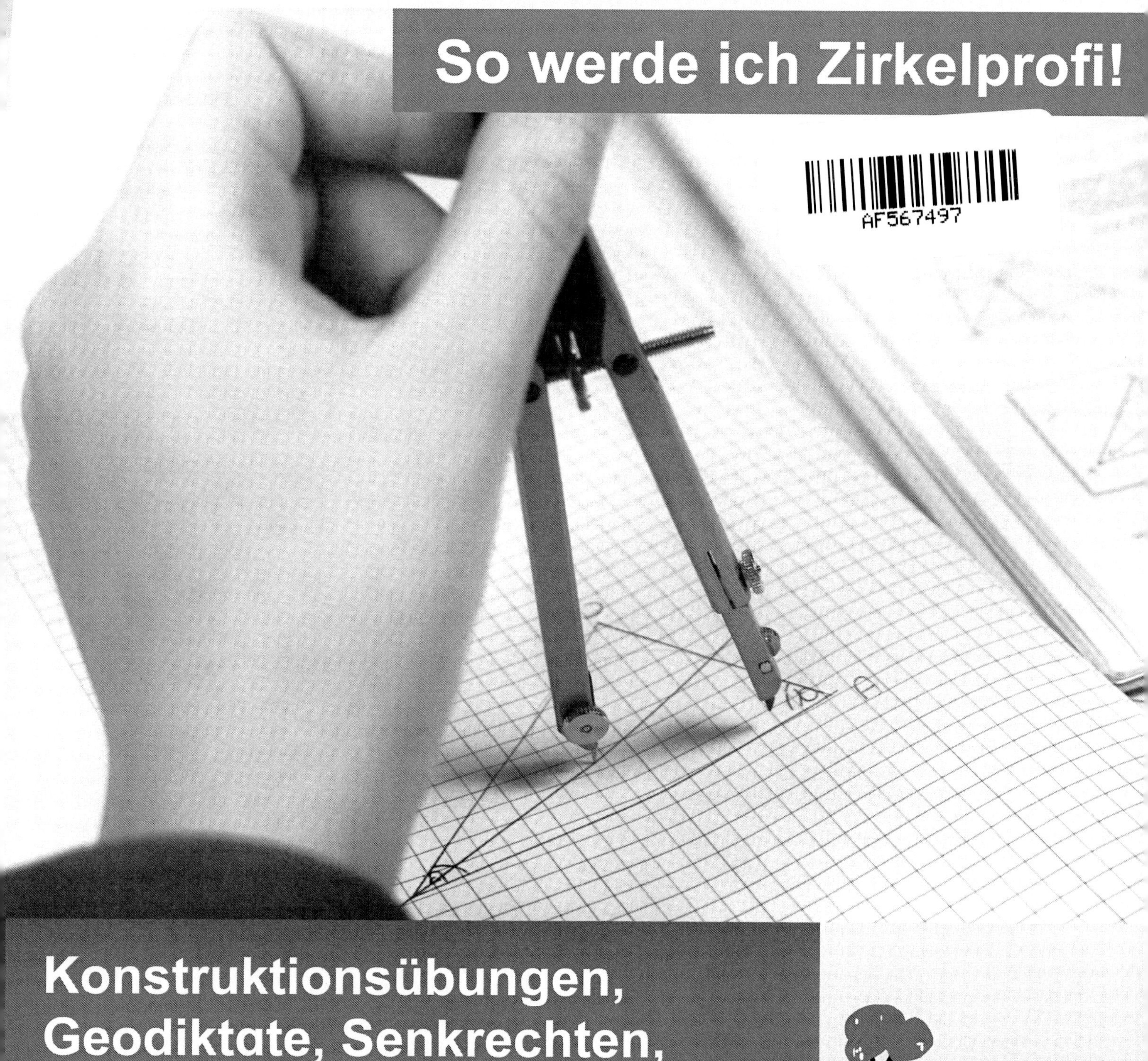

Konstruktionsübungen, Geodiktate, Senkrechten, Parallelen, Muster fortsetzen

Geometrie mit dem Zirkel

So werde ich Zirkelprofi!

12. Auflage 2026

Inhalt: Angelika Rehm
Coverbild: © Rulan - fotolia.com
Redaktion: Kohl-Verlag
Grafik & Satz: Kohl-Verlag
Druck: Druckerei Flock, Köln

Bestell-Nr. 11 514

ISBN: 978-3-95513-858-5

Kontakt: Kohl-Verlag, An der Brennerei 37-45, 50170 Kerpen
Tel: +49 2275 331610, Mail: info@kohlverlag.de

Der vorliegende Band ist eine Print-Einzellizenz

Sie wollen unsere Kopiervorlagen auch digital nutzen? Kein Problem – fast das gesamte KOHL-Sortiment ist auch sofort als PDF-Download erhältlich! Wir haben verschiedene Lizenzmodelle zur Auswahl:

	Print-Version	PDF-Einzellizenz	PDF-Schullizenz	Kombipaket Print & PDF-Einzellizenz	Kombipaket Print & PDF-Schullizenz
Unbefristete Nutzung der Materialien	x	x	x	x	x
Vervielfältigung, Weitergabe und Einsatz der Materialien im eigenen Unterricht	x	x	x	x	x
Nutzung der Materialien durch alle Lehrkräfte des Kollegiums an der lizensierten Schule			x		x
Einstellen des Materials im Intranet oder Schulserver der Institution			x		x

Die erweiterten Lizenzmodelle zu diesem Titel sind jederzeit im Online-Shop unter www.kohlverlag.de erhältlich.

INHALT

VORWORT

„Zirkel“

ruft spontan eine Assoziation mit „Kreis“ hervor. Das mag auf den ersten Blick richtig sein, ist aber unzulänglich. Die Zirkelarbeit, obwohl nur ein ausschnitthafter Teil mathematischer Lerninhalte, vermag mehr.
Da ist einmal die handwerkliche Seite: SchülerInnen erlernen ein gar nicht so einfach zu handhabendes Werkzeug zu benutzen. Bis der Gebrauch über Einsichten in Unterlagen und Druckausübungen mit diesem Gerät mühelos gelingt, kann schon eine gewisse Übungs-Weile vergehen.
Da ist zum anderen die konstruktive Seite: Arbeit mit dem Zirkel bedeutet auch, Erkenntnisse zu gewinnen, die das Bild der Kreisvorstellung sprengen, indem er für andere Figuren nutzbar gemacht werden kann. Mit dem Zirkel bieten Schnittpunkte und Bogen erweiterte geometrische Möglichkeiten.
Da ist aber auch noch die erkennende Seite: Beobachtungsgabe und kombinatorische Fähigkeit sollen Konstruktionsprinzipien auffinden lassen. Mit welchem Radius ist bei einer Vorlage gearbeitet worden, welche Schnittpunkte mussten konstruiert werden? Diese Informationen sollen erworben und gefestigt werden und Basis für weitreichendere Aufgaben sein.
Überdies zeigt sich eine kreative Seite: Erlernte Prinzipien lassen sich nach einer gewissen Einübungsphase in freier Gestaltung anwenden. Figuren und Muster können mithilfe von Technik und Wissen aus eigener Phantasie entworfen werden. Es ist erstaunlich, zu welch ungeahnten Ergebnissen die SchülerInnen bei fundierten Grundlagen fähig sind.
Die vorliegenden Materialien beinhalten in einer Anfangsphase reine Handhabungsübungen. Um dann aufbauend über strukturierte Übungen erste Konstruktionen mit einfachen Gesetzmäßigkeiten zu erstellen.
Bilder mit Mandalacharakter sollen die SchülerInnen zur Suche nach Aufbauprinzipien anregen, die später in anspruchsvollere zeichnerische Möglichkeiten münden.
Erhebliche Konzentration erfordern Umsetzungen von Konstruktionstexten im Sinne von Montageanleitungen in eine geometrische Form (Geodiktate), wie auch der umgekehrte Weg, von der Bildvorlage eine konstruktive Schrittabfolge textlich abzufassen. Hier werden Verständnis und ein hoher Anspruch an Präzision verlangt.
Ein Ausflug zu den „alten Griechen“ soll einen kurzen Einblick in die Genialität mathematischer Entdecker vermitteln.
Die zum Schluss angefügten Benotungs-Formulierungen können nur Anregungen sein. Sollten sie Ausgangspunkte für Ihre Bewertungsvariationen der Arbeiten Ihrer SchülerInnen werden, hätten sie ihren Zweck erfüllt.
Wenn die Zirkelarbeit Ihren SchülerInnen ebenso viel Spaß macht wie meinen, dann stehen Ihnen interessante und sogar staunenswerte Stunden bevor.

Angelika Rehm

Kreis-Zirkel-Bezeichnungen

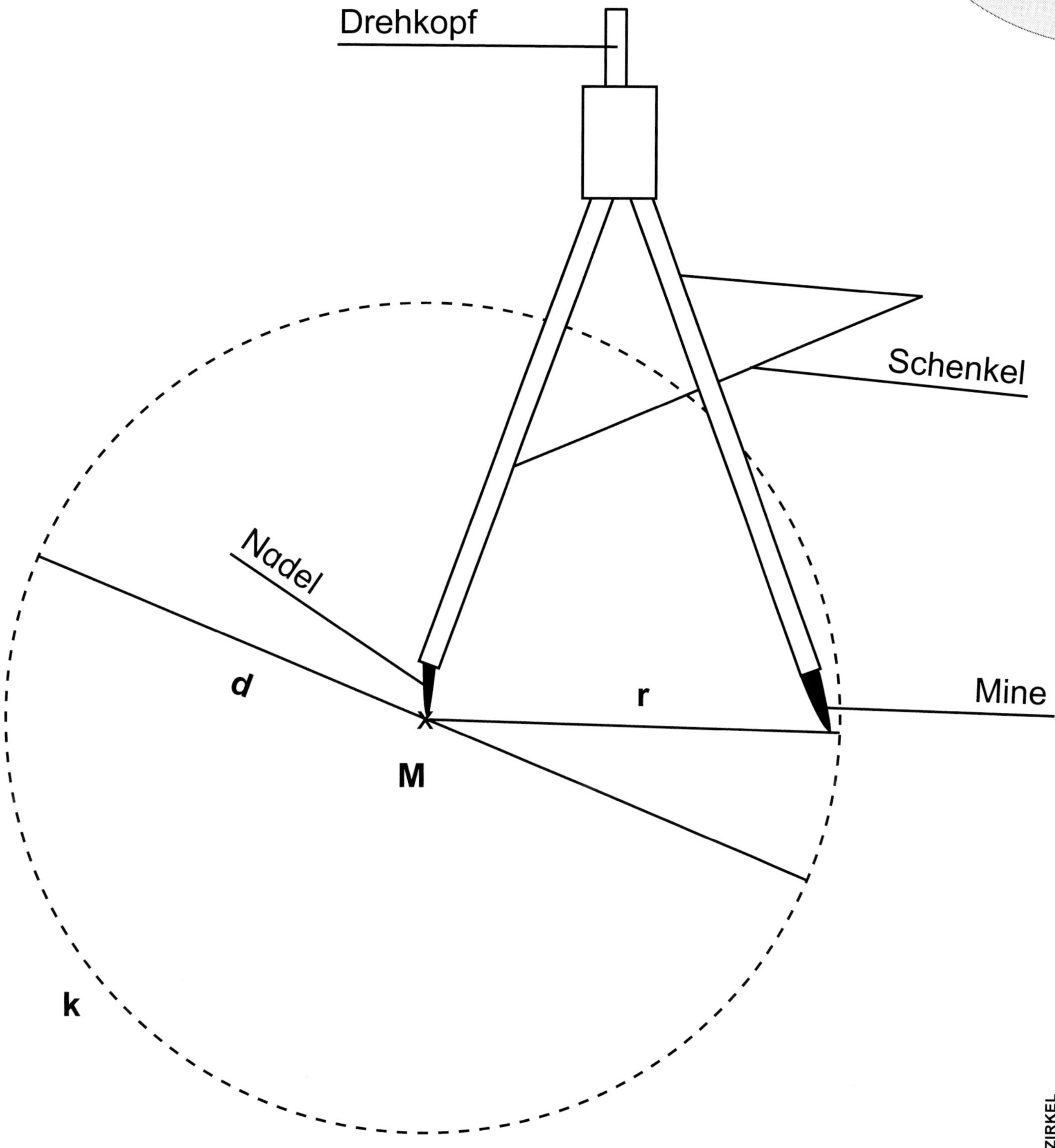

d = Durchmesser

r = Radius (Halbmesser)

M = Mittelpunkt

k = Kreislinie

KOHL VERLAG
GEOMETRIE MIT DEM ZIRKEL
So werde ich Zirkelprofi! – Bestell-Nr. 11 514

1. Radius und Durchmesser

1. Miss mit deinem Lineal den Abstand zwischen Nadel und Mine von der Titelzeichnung. Wie groß ist er? ____________________

2. Welche Erkenntnis hast du im Hinblick auf diesen Abstand und den Radius?

   ____

3. Wie groß ist der Durchmesser? ____________________

4. Zeichne den gleichgroßen Kreis in die folgende freie Fläche (den Mittelpunkt legst du durch ein Kreuzchen fest).

KOHL VERLAG GEOMETRIE MIT DEM ZIRKEL So werde ich Zirkelprofi! – Bestell-Nr. 11 514

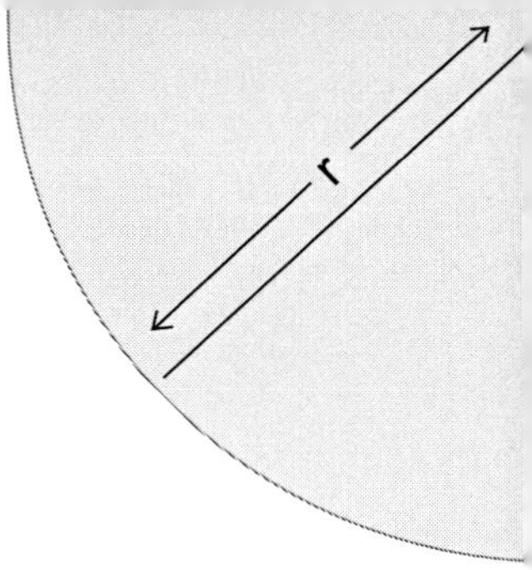

2. Kreise zeichnen

1. Zeichne beliebige Kreise auf ein leeres Blatt.

2. Zeichne in die nachstehende Fläche Kreise mit einem Radius von 2, 3 und 4 cm.

Wie groß darf der Radius höchstens sein, damit du einen Kreis in das Kästchenfeld zeichnen kannst? ca. __________ cm

GEOMETRIE MIT DEM ZIRKEL
So werde ich Zirkelprofi! – Bestell-Nr. 11 514

3. Schiessscheibe

1. Zeichne um den gleichen Mittelpunkt Kreise mit folgenden Radien (das ist die Mehrzahl von Radius): 1, 2, 3, 4, 5, 6, 7, 8 und 9 cm.

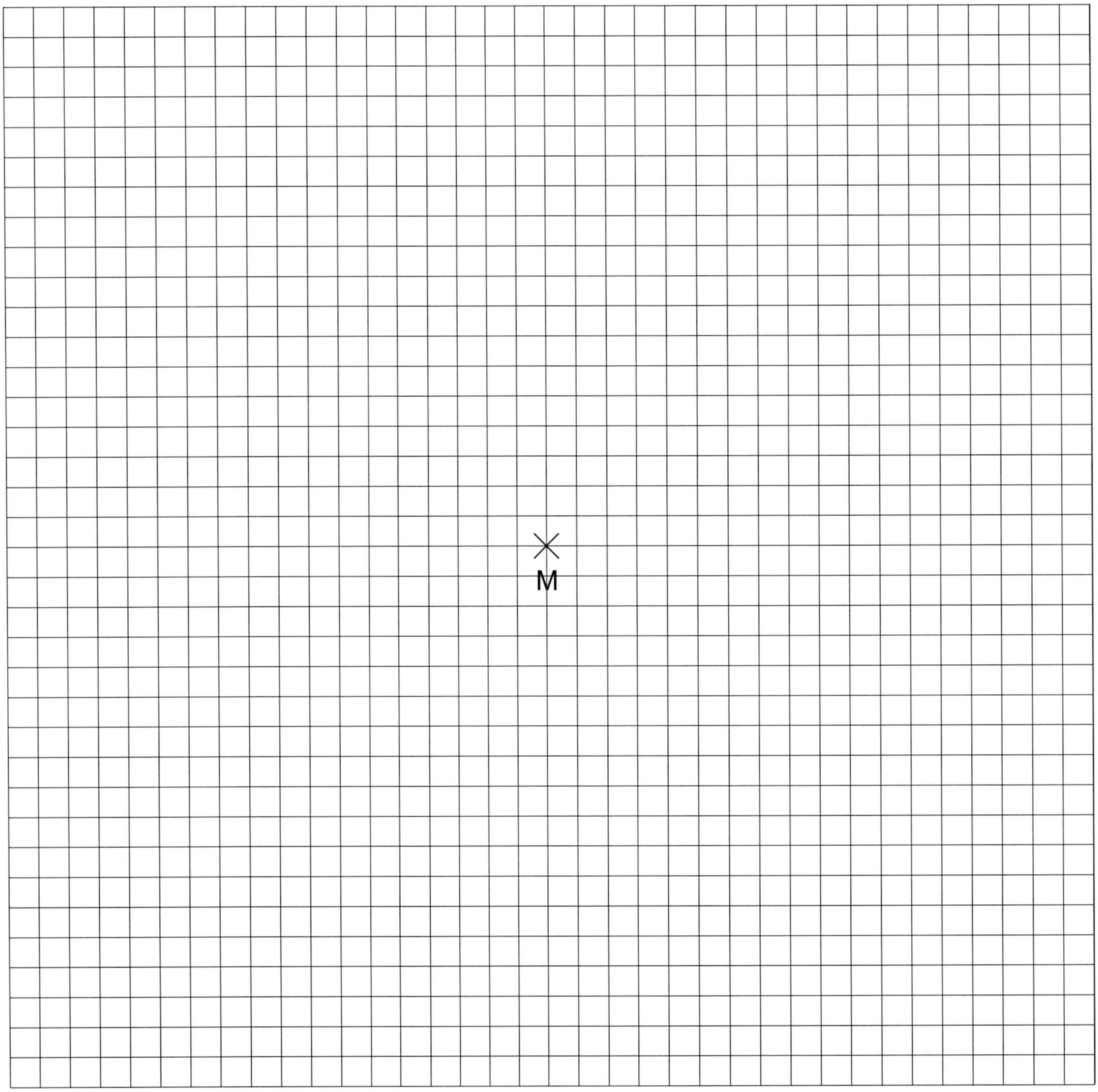

M

2. Wie groß sind die jeweiligen Durchmesser der Kreise?

   ____ cm

3. Male die Kreise in verschiedenen Farben an.

4. Kreisreihen

1. Trage in die Kreisreihe **A** die Mittelpunkte **(M)** der einzelnen Kreise ein.
2. Zeichne mehrere dieser Kreisreihen auf leere Blätter und male sie so an, dass verschiedene Muster entstehen.
3. Führe das Muster **B** weiter. Zeichne dabei die neuen Mittelpunkte mit dem Zirkel ein.

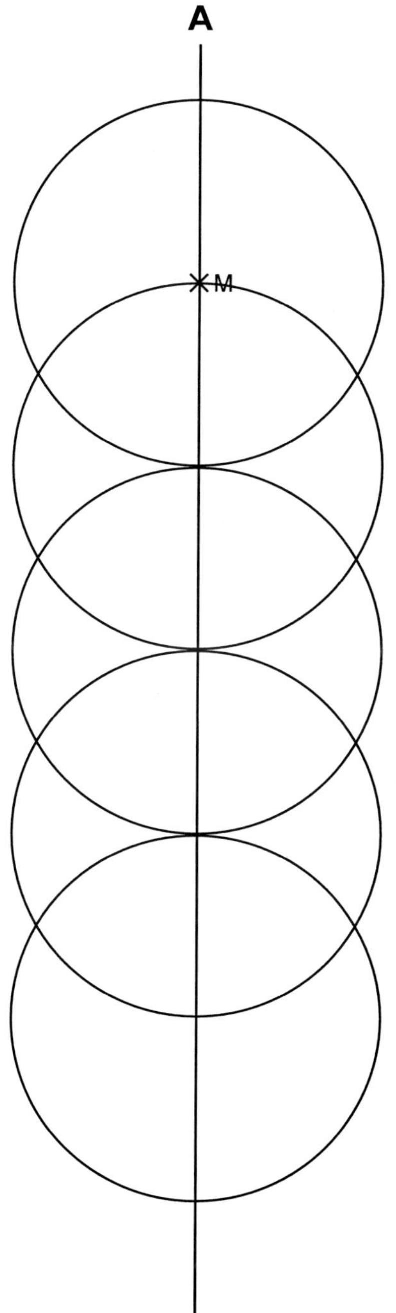

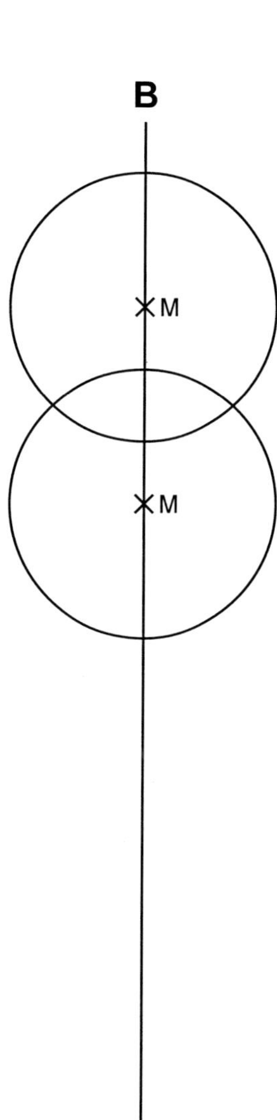

KOHL VERLAG GEOMETRIE MIT DEM ZIRKEL So werde ich Zirkelprofi! – Bestell-Nr. 11 514

5. Konstruktionsspiegelung

1. Miss die Durchmesser der unten stehenden Zeichnung.
   M1 = __________ cm; M2 = __________ cm; M3 = __________ cm;
   M4 = __________ cm; M5 = __________ cm.

2. Spiegele die Konstruktion an der Achse **AB**. Arbeite nur mit dem Zirkel!

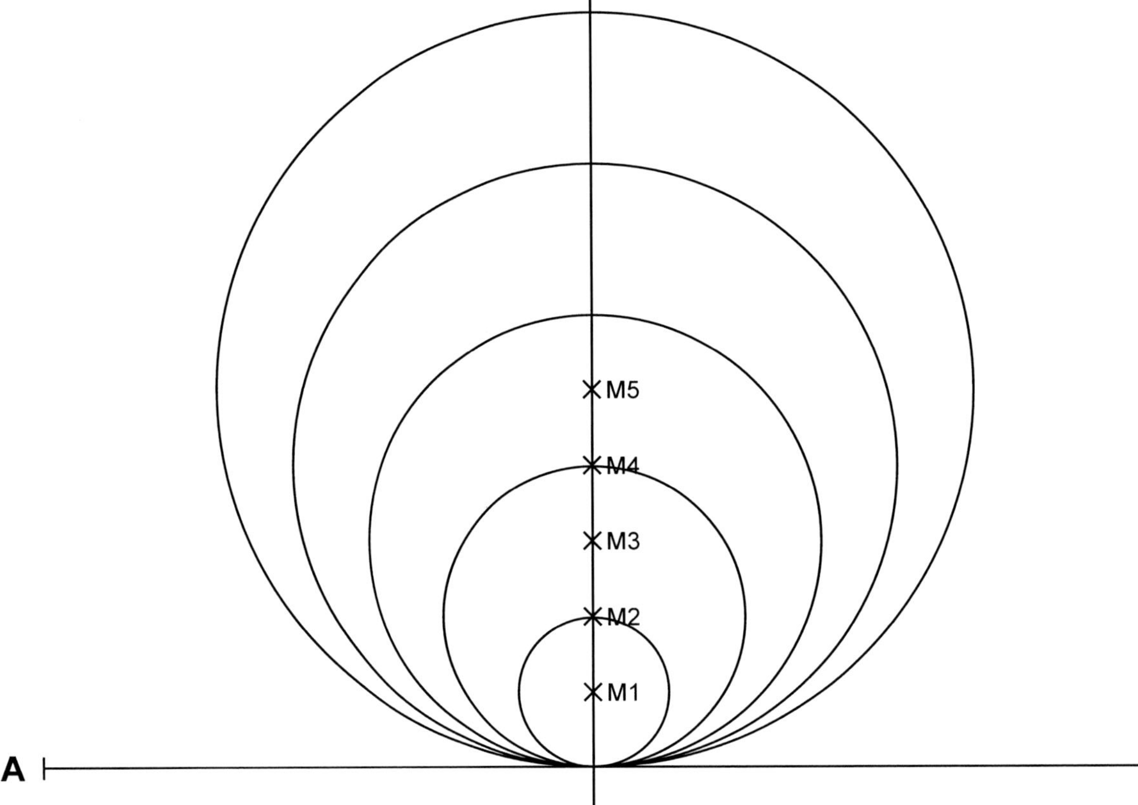

KOHL VERLAG
GEOMETRIE MIT DEM ZIRKEL
So werde ich Zirkelprofi! – Bestell-Nr. 11 514

6. HALBKREISMUSTER

1. Zeichne bei jedem Halbkreis von **A** den Mittelpunkt ein.
2. Wie groß ist der Durchmesser? ________cm
3. Setze Reihe **B** bis zur unteren Markierung fort.

KOHL VERLAG
GEOMETRIE MIT DEM ZIRKEL
So werde ich Zirkelprofi! – Bestell-Nr. 11 514

7. Musteranleitungen

1. Zeichne die Streifen am Ball weiter; achte dabei auf gleiche Abstände.
   Male das Bild aus.

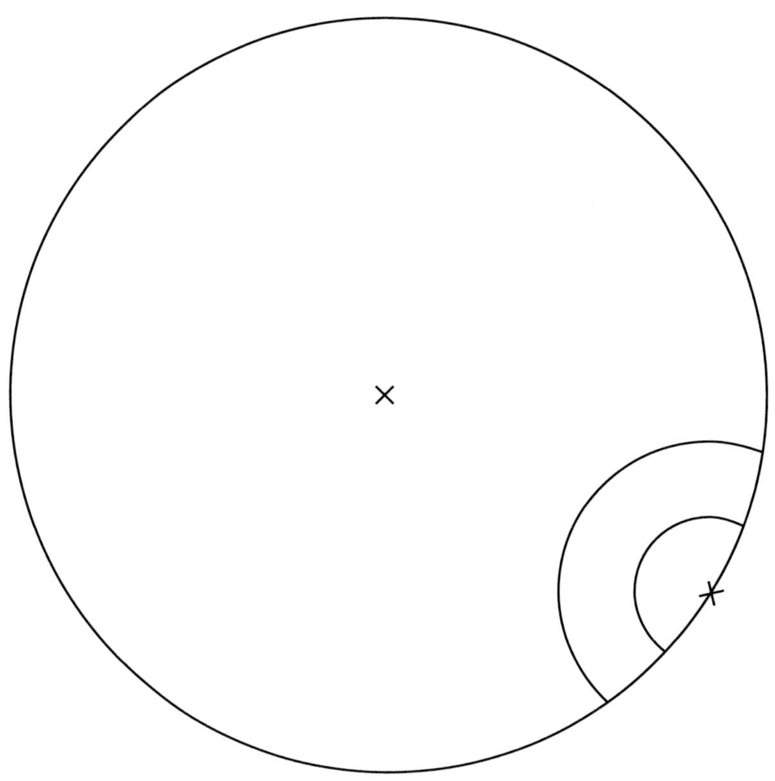

2. Vervollständige das angefangene Muster. Das Ergebnis soll eine sechsblättrige Blume sein.

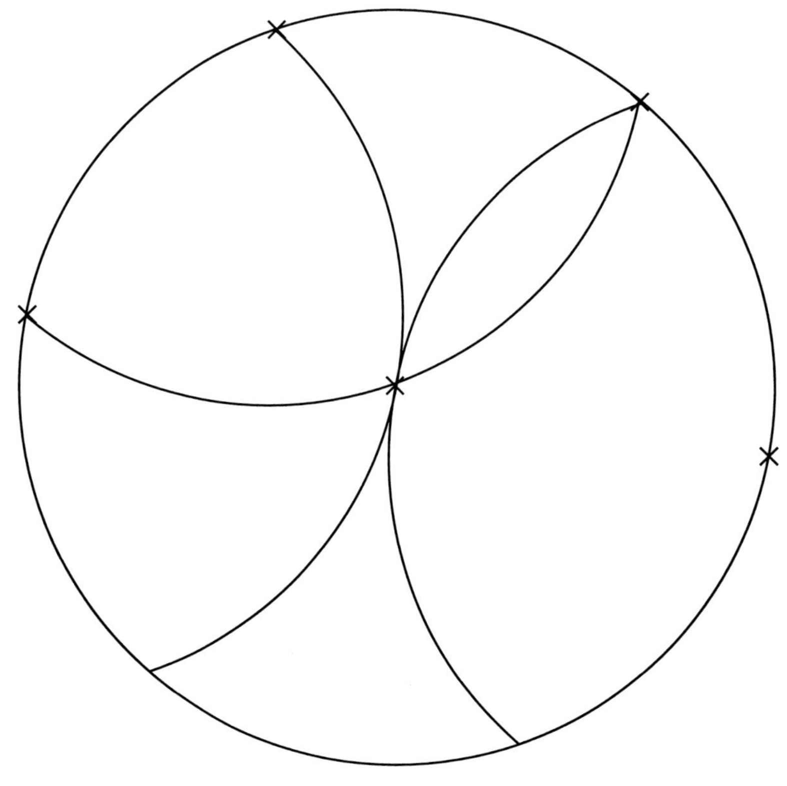

KOHL VERLAG GEOMETRIE MIT DEM ZIRKEL So werde ich Zirkelprofi! – Bestell-Nr. 11 514

8. Muster fortsetzen

Setze die beiden Muster fort und male sie an.

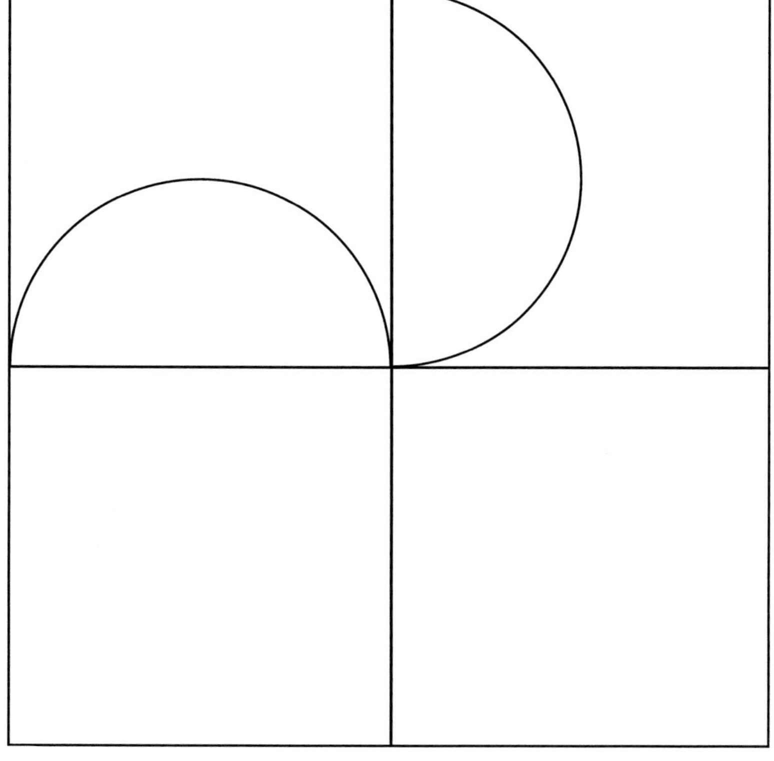

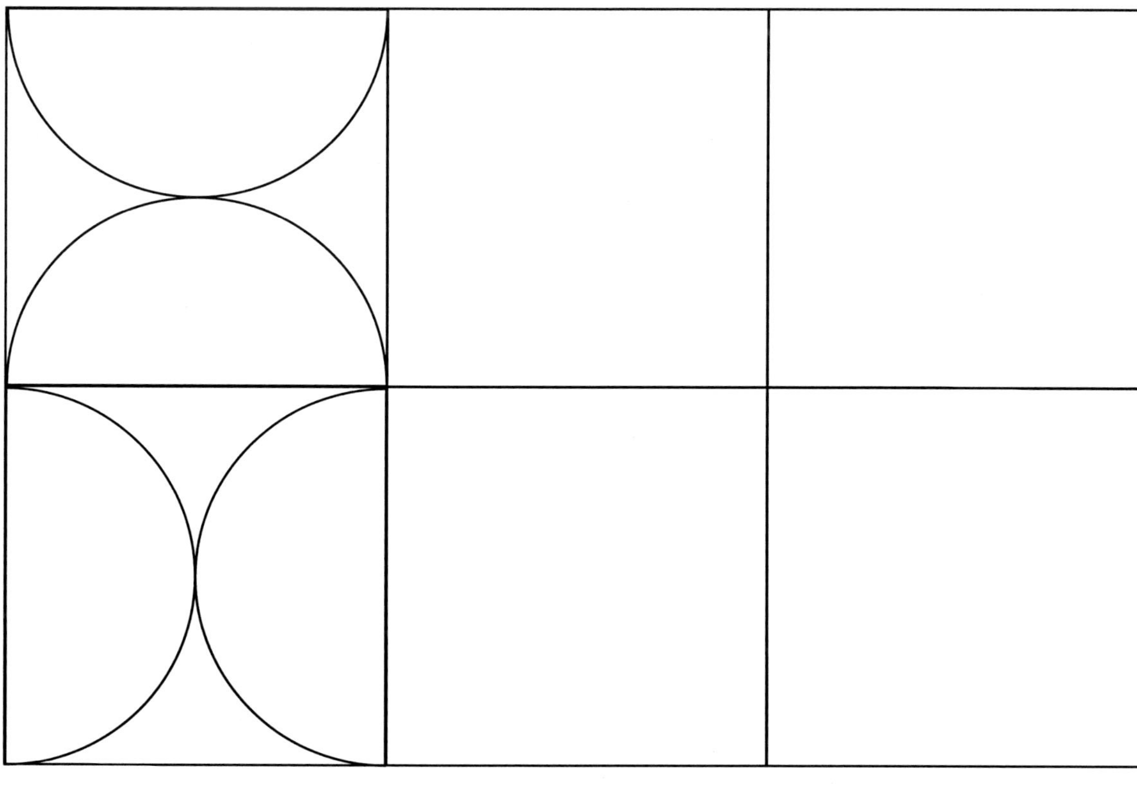

KOHL VERLAG
GEOMETRIE MIT DEM ZIRKEL
So werde ich Zirkelprofi! – Bestell-Nr. 11 514

9. Konstruktionen fertig zeichnen

1. Zeichne die folgende Konstruktion weiter.
   Mit dem Zirkel sticht man zunächst an irgendeiner Stelle des Innenkreises (**A**) ein und schlägt mit dem Radius des Innenkreises einen nicht ganz geschlossenen Kreis zwischen Innen- und Außenkreis. Die weiteren Mittelpunkte der Teilkreise sind alle Schnittpunkte von Innen- und Teilkreis. Male an!

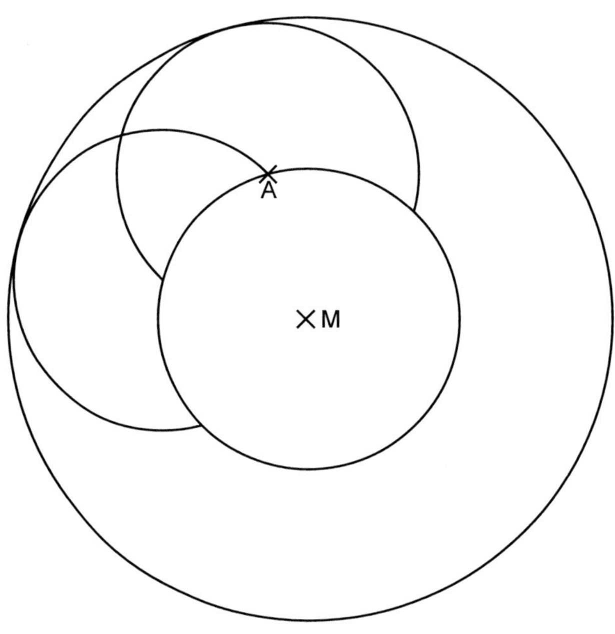

2. Zeichne die folgende Konstruktion weiter.
   Mit dem Zirkel sticht man an beliebiger Stelle des Außenkreises (**A**) ein und schlägt mit dem Durchmesser des Innenkreises einen Verbindungsbogen zwischen Außen- und Innenkreis. Die weiteren Mittelpunkte sind die Schnittpunkte des jeweiligen Bogens mit dem Außenkreis. Male an!

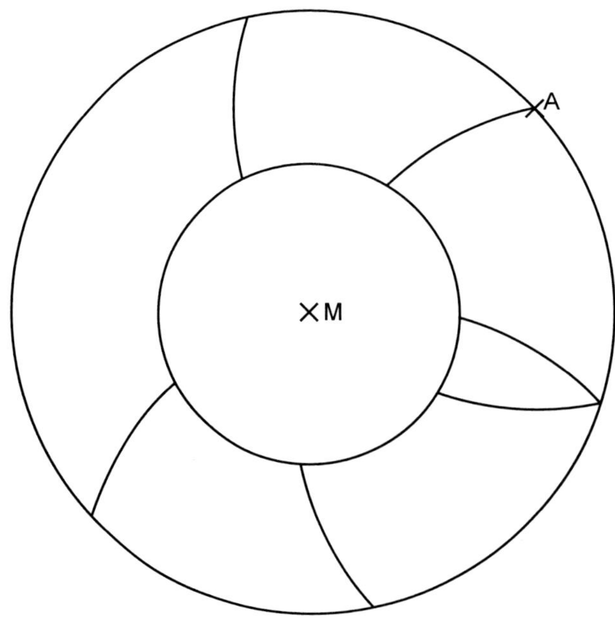

KOHL VERLAG GEOMETRIE MIT DEM ZIRKEL So werde ich Zirkelprofi! – Bestell-Nr. 11 514

10. Text und Bild

1. Zeichne um **M** einen Kreis, der die Punkte **A, B, C** und **D** berührt.

2. Halbiere die Strecken $\overline{\mathbf{MA}}$, $\overline{\mathbf{MB}}$, $\overline{\mathbf{MC}}$, und $\overline{\mathbf{MD}}$ und markiere die Mittelpunkte.

3. Zeichne um jeden der vier Punkte einen Kreis (Radius = halbierte Strecke).

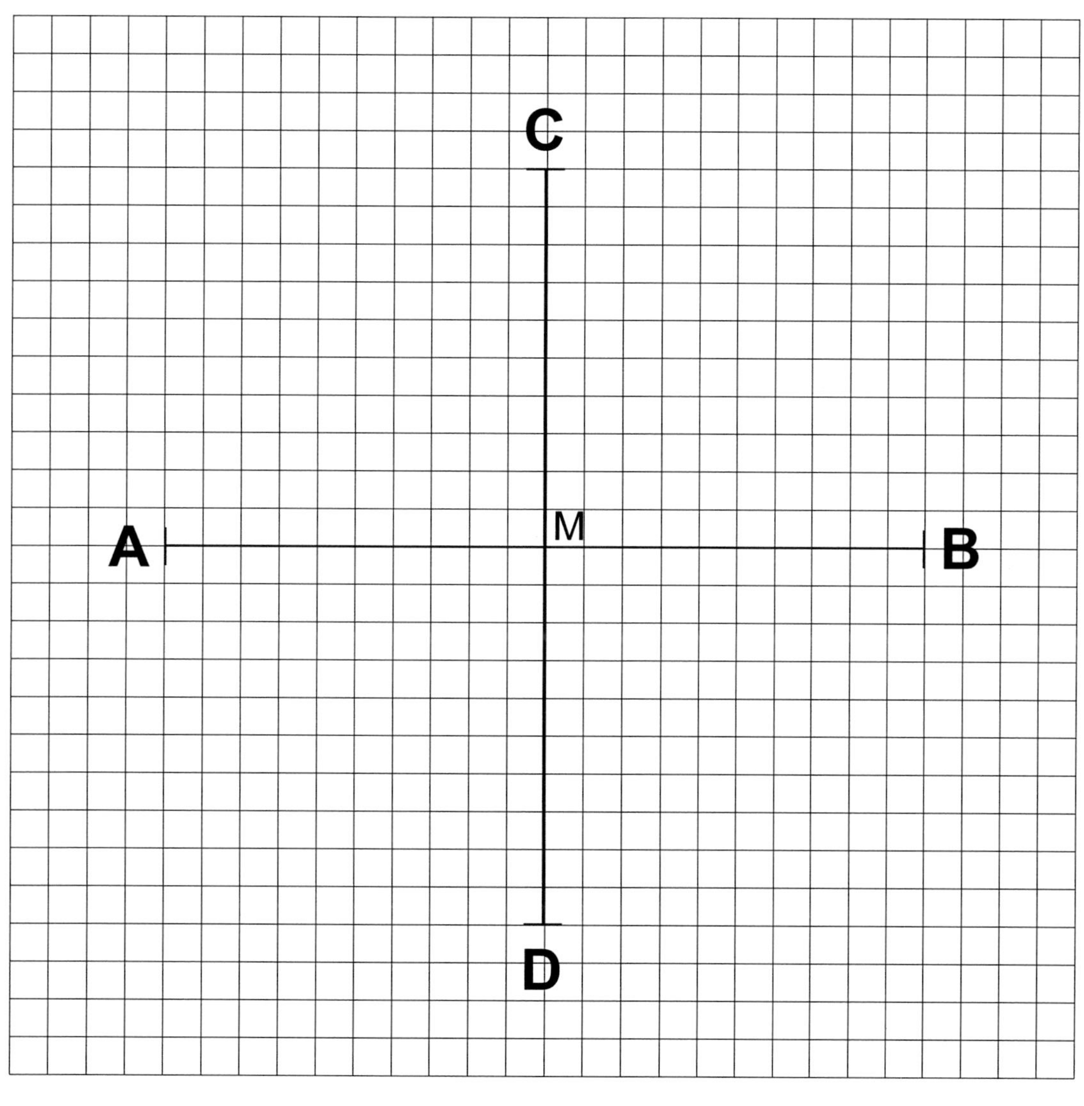

KOHL VERLAG
GEOMETRIE MIT DEM ZIRKEL
So werde ich Zirkelprofi! – Bestell-Nr. 11 514

10. Text und Bild

<u>So sieht die Formulierung der folgenden Aufgabe aus:</u>

Vorgegeben ist ein Außenkreis mit einem Durchmesser von 10 cm.
Demnach beträgt der Radius 5 cm.

Um den gleichen Mittelpunkt schlägt man einen Innenkreis mit dem halben Radius. Nun sticht man mit dem Zirkel an einer beliebigen Stelle des Innenkreises ein und zeichnet mit dem gleichen Radius wie oben einen Kreis.

Die Schnittpunkte des neuen Kreises mit dem Innenkreis nimmt man wiederum als Mittelpunkte, um die man die gleichen Kreise zeichnet, bis der gesamt Außenkreis „gefüllt" ist.

Zeichne diese Konstruktion mit dem Durchmesser des Außenkreises von 12 cm auf ein separates Blatt.

KOHL VERLAG Lernen mit Erfolg
GEOMETRIE MIT DEM ZIRKEL
So werde ich Zirkelprofi! – Bestell-Nr. 11 514

11. Muster fortsetzen 1

Setze die folgenden Muster in den Leerfeldern fort und beschreibe, wie du das gemacht hast.

A

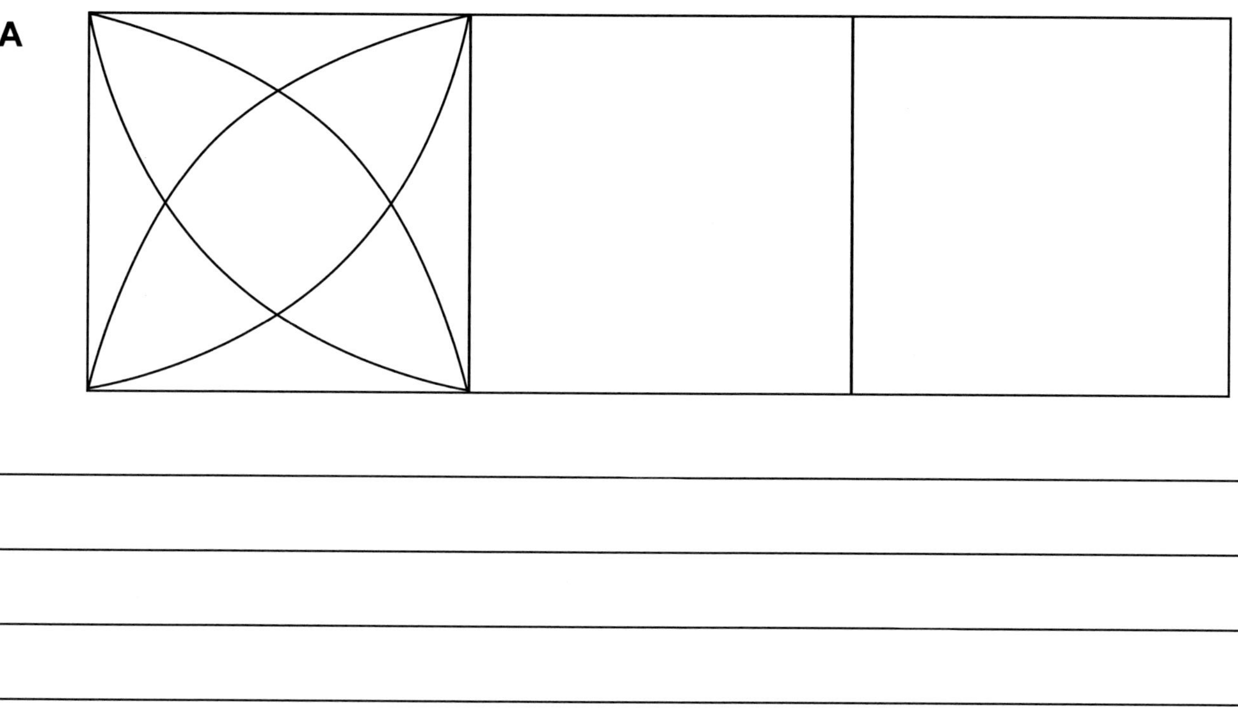

B

12. Muster fortsetzen 3

Setze die folgenden Muster in den Leerfeldern fort und beschreibe, wie du das gemacht hast.

A

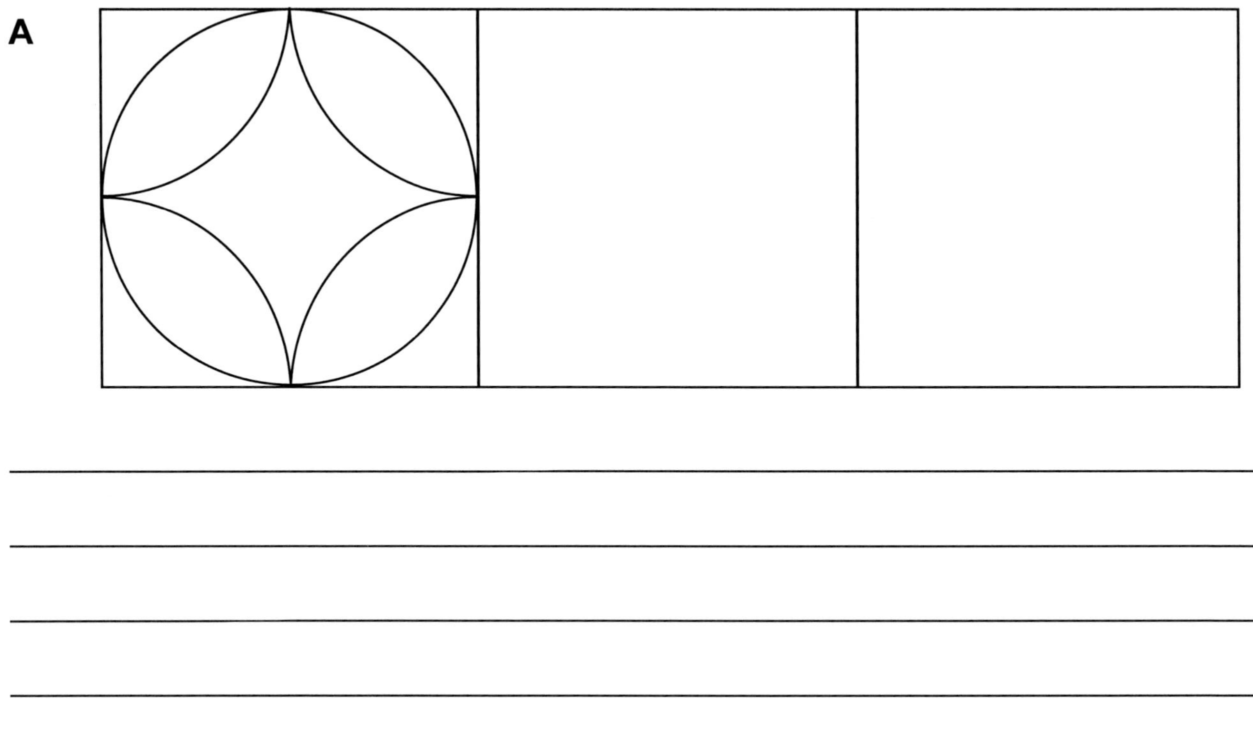

B

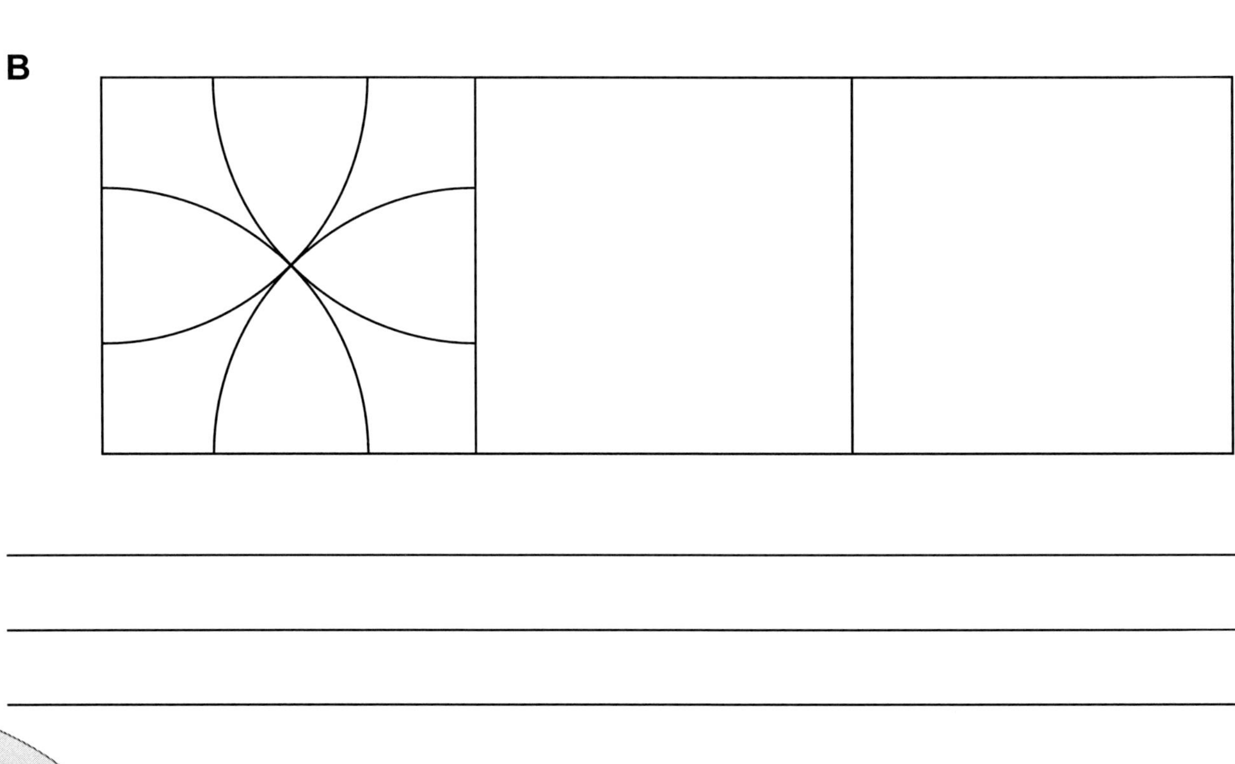

KOHL VERLAG Lernen mit Erfolg
GEOMETRIE MIT DEM ZIRKEL – Bestell-Nr. 11 514
So werde ich Zirkelprofi!

13. Muster fortsetzen 3

Setze die folgenden Muster in den Leerfeldern fort und beschreibe die Konstruktion. Zeichne zunächst die Diagonalen in die Quadrate. Male die Zeichnungen aus.

A

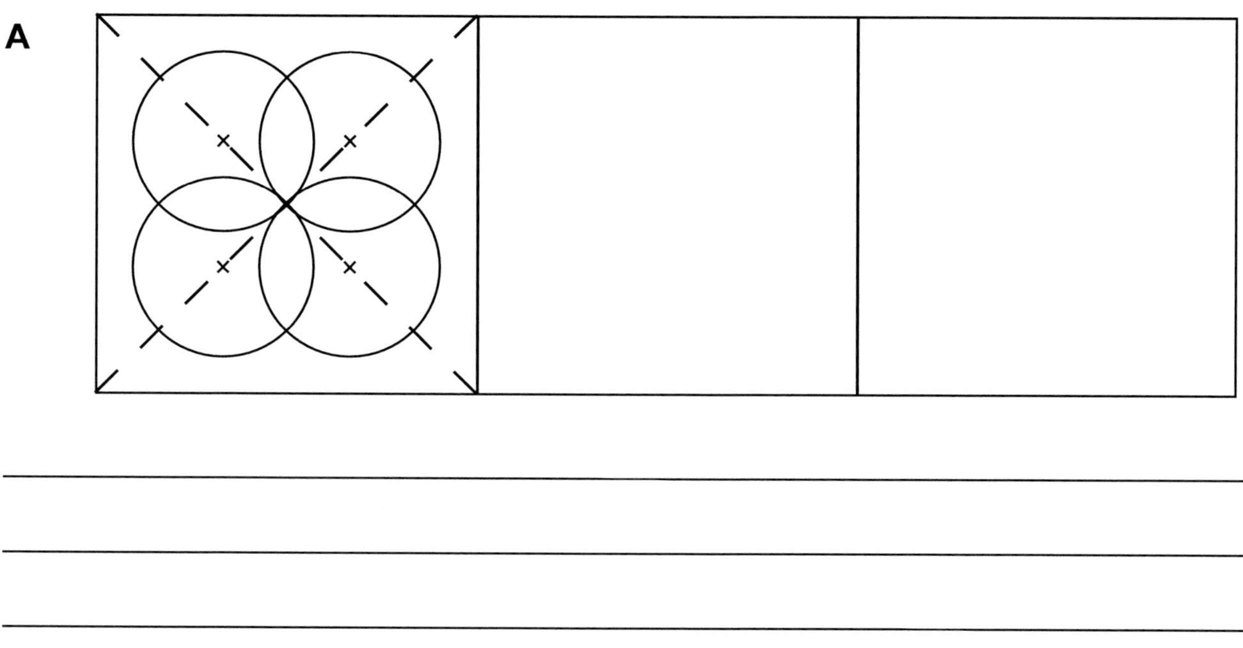

B

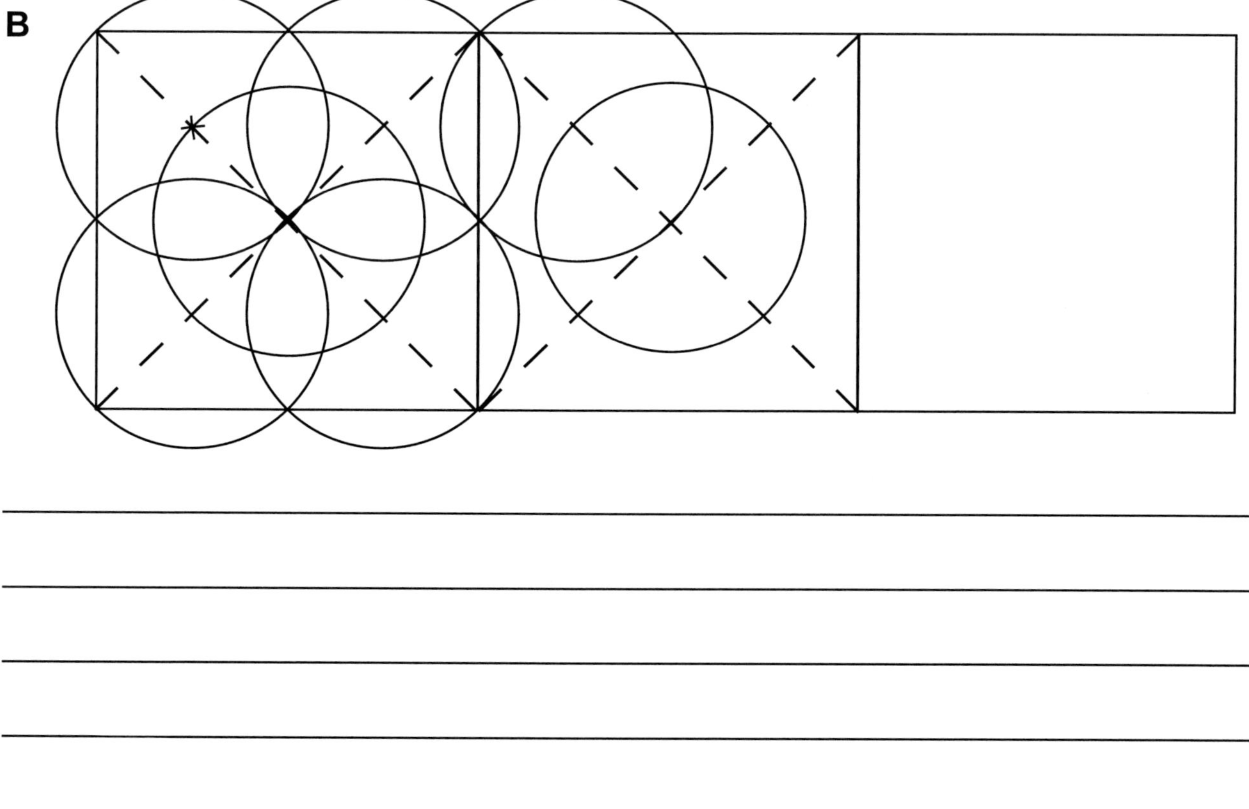

14. Geometrische Begriffserklärungen

Mit dem Zirkel lassen sich nicht nur Kreise zeichnen. Deshalb wollen wir uns kurz mit einigen anderen geometrischen Grundbegriffen beschäftigen, die sich in der Arbeit mit dem Zirkel wiederfinden können.

> Die Linie stellt eine Aneinanderreihung von unendlich vielen Punkten dar.

Eine Linie kann gerade, gebogen, wellen- oder spiralförmig, gebrochen oder rund sein.

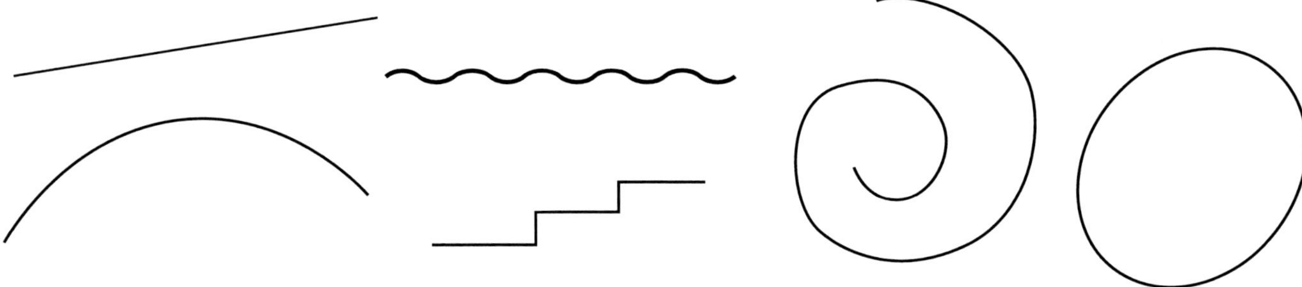

Nun folgen die Sonderfälle:

> Eine Gerade ist eine gerade Linie ohne festgelegte Anfangs- und Endpunkte.

> Eine Strecke ist eine gerade Linie, die die kürzeste Verbindung zwischen zwei Punkten ist.

A B

> Ein Strahl ist eine gerade Linie, die einen Anfangs-, aber keinen Endpunkt hat.

A

Kommen wir wieder zurück zum Kreis:

> Der Kreis ist eine Linie, die zu einem vorgegebenen Punkt (Mittelpunkt) überall den gleichen Abstand (Radius) hat.

GEOMETRIE MIT DEM ZIRKEL
So werde ich Zirkelprofi! – Bestell-Nr. 11 514
KOHL VERLAG

15. Von der Senkrechten zum Quadrat

1. Errichte mit Hilfe von Zirkel und Lineal eine senkrechte Gerade (Senkrechte) auf einer Strecke $\overline{AB}$.

   Wähle den Abstand zwischen Spitze und Mine des Zirkels größer als die Hälfte der Strecke, aber kleiner als die Gesamtstrecke $\overline{AB}$. Nun stichst du den Zirkel sowohl in Punkt A als auch in Punkt B ein und schlägst jeweils einen Bogen (ungefähr in der Mitte der Strecke) oberhalb und unterhalb von $\overline{AB}$. Die Schnittpunkte verbindest du mit dem Lineal und erhältst eine Senkrechte, in diesem Falle die Mittelsenkrechte. Du siehst, dass die Mittelsenkrechte die Strecke $\overline{AB}$ halbiert. Miss es nach!

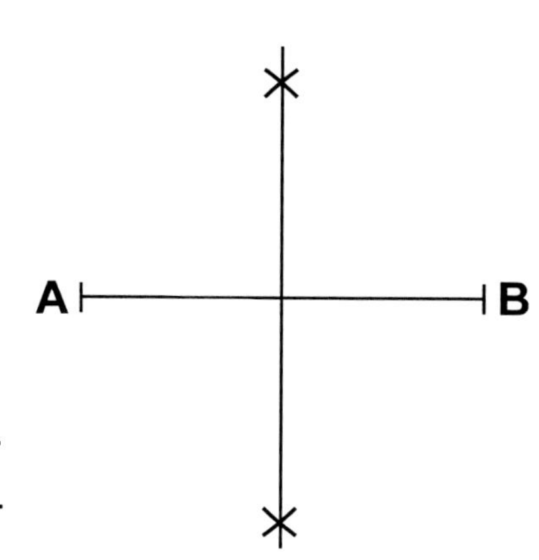

2. Errichte mit Zirkel und Lineal eine Senkrechte in Punkt A. Zunächst verlängerst du die Strecke $\overline{BA}$ über A hinaus mit dem gleichen Abstand wie $\overline{AB}$. Der Endpunkt heißt A' (entsprechend über B hinaus zu B'). Nun verbindest du mit dem Lineal den gefundenen Schnittpunkt A' mit A. In Punkt B führst du das Gleiche mit B' durch.
   Dann errichtest du in den Punkten A und B die Senkrechten. Jetzt längst du die Strecke $\overline{AB}$ jeweils auf den beiden Senkrechten ab und erhältst die Punkte C und D.

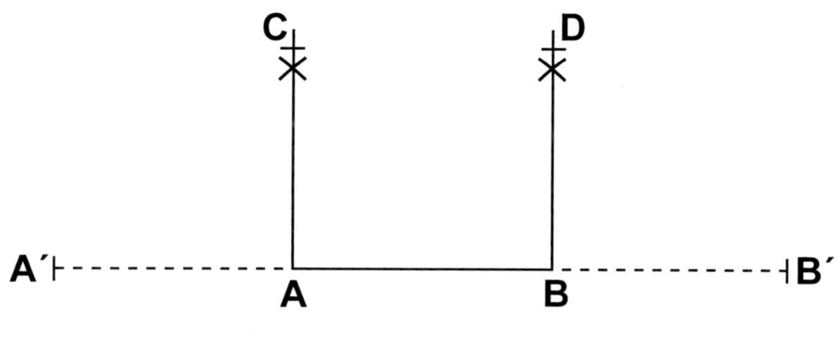

3. Danach nimmst du die Strecke $\overline{AB}$ in den Zirkel. Mit der Senkrechten über A (Einstich in A) und B (Einstich in B) zeichnest du die Schnittpunkte. Die beiden gefundenen Schnittpunkte verbindest du mit dem Lineal. Zeichne auf einem separaten Blatt die Figur. Mit $\overline{AB}$ = 6 cm und $\overline{AB}$ = 8 cm.

   Welche geometrische Figur hast du erhalten?

   ____

   Überprüfe das Ergebnis durch Messen.

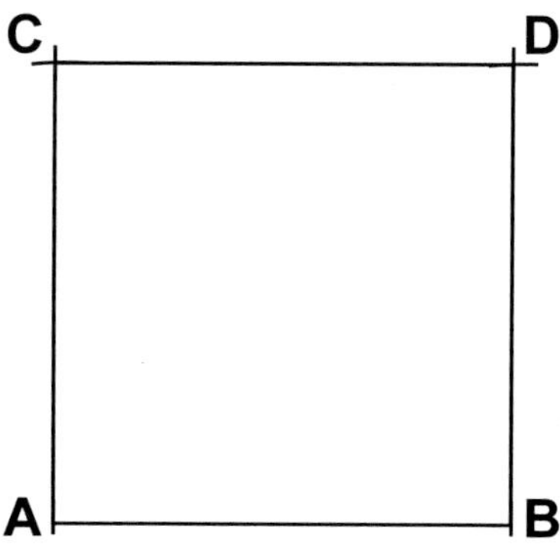

16. AUSSEN-INNEN-QUADRAT

1. Zeichne ein Quadrat um einen Kreis mit r = 4 cm, das die Kreislinie in vier Punkten berührt. Hilfslinien sind bereits vorhanden.

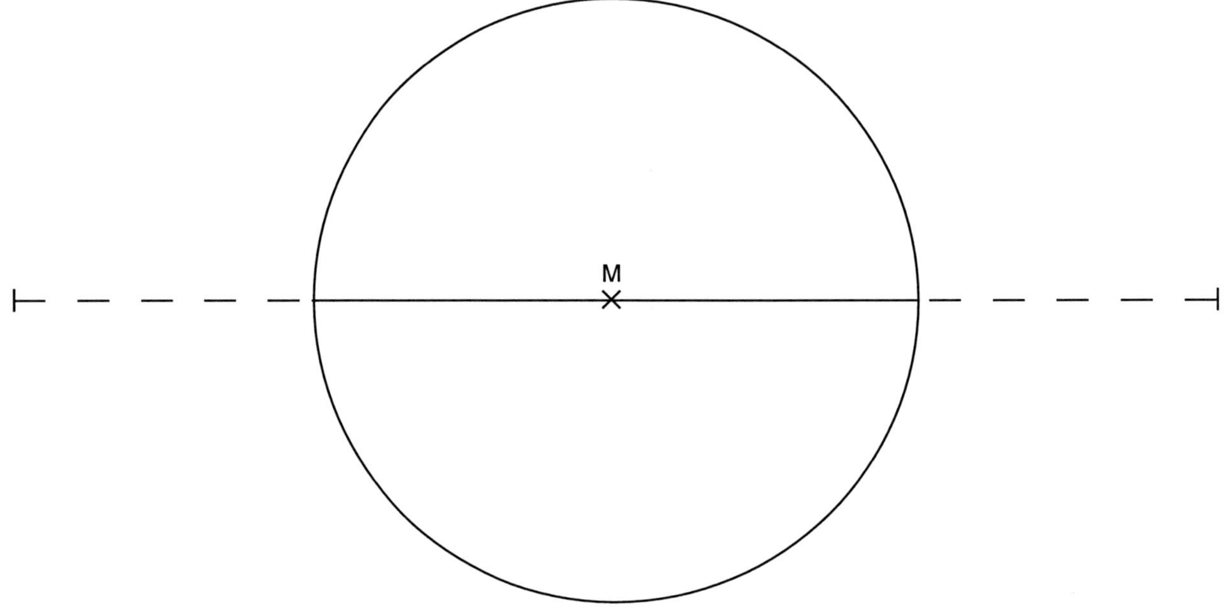

Triff Aussagen zu Radius, Durchmesser und Kantenlänge.

---

2. Zeichne in einen Kreis mit r = 4 cm ein Quadrat. Ein Anfang ist schon gemacht.

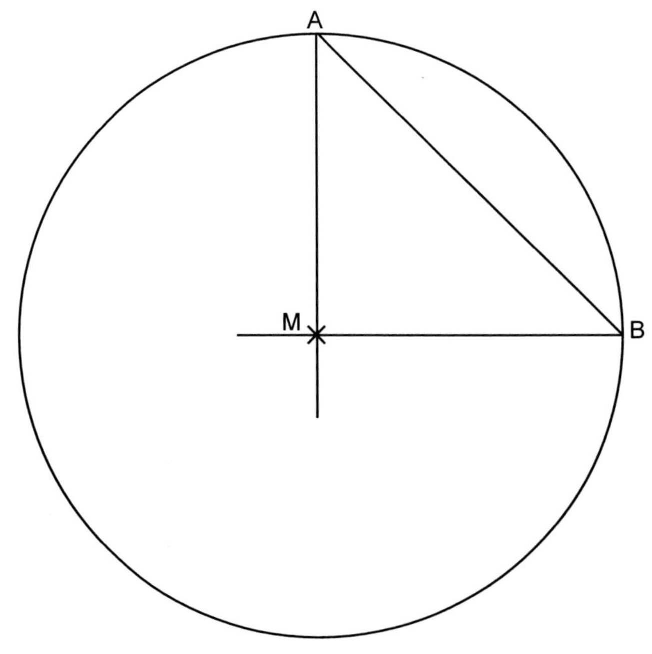

17. Streckenhalbierung und -Mittelpunkte

1. Halbiere die folgenden Strecken.

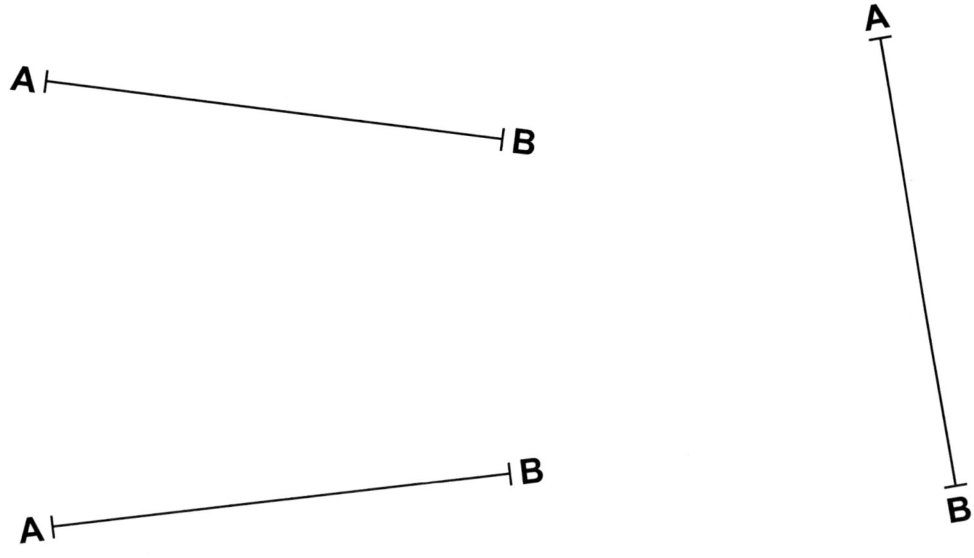

2. Konstruiere die Mittelpunkte folgender Strecken.

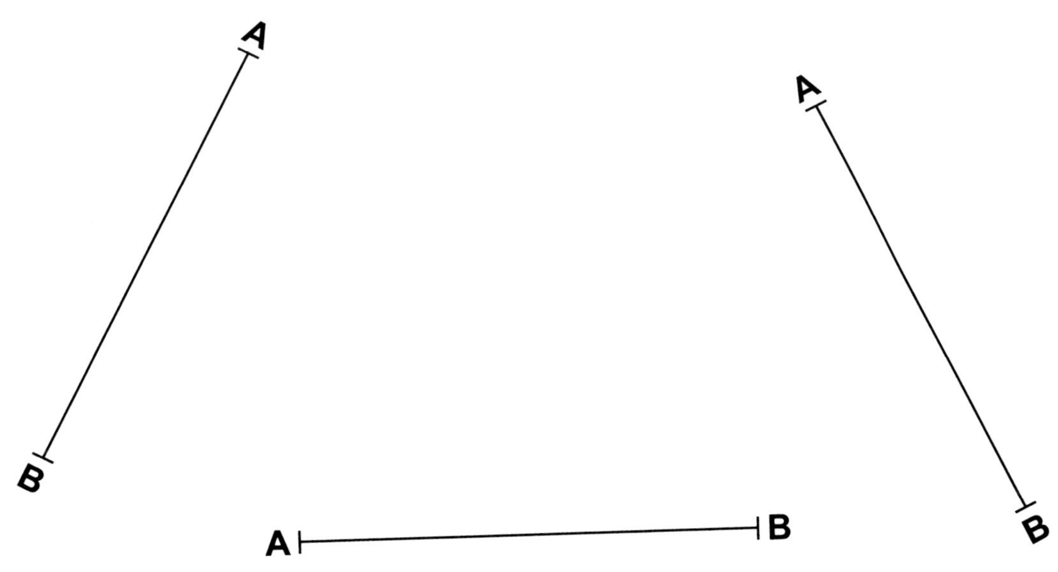

KOHL VERLAG
GEOMETRIE MIT DEM ZIRKEL
So werde ich Zirkelprofi! – Bestell-Nr. 11 514

18. Senkrechten errichten

1. Konstruiere auf den nachfolgenden Geraden Senkrechten durch den Punkt P.

2. Folgende Konstruktion zeigt, wie man eine Senkrechte durch einen Punkt P zeichnet, der nicht auf der Geraden liegt.
   Du schlägst zunächst einen Kreis um P, der die Gerade in zwei Punkten (A und B) schneidet.
   Dann stichst du den Zirkel jeweils in die Punkte A und B ein, wobei der Schenkelabstand des Zirkels größer als der Radius des zuvor gezeichneten Kreises sein muss.
   Die Schnittstelle der beiden Bogenstücke ist Punkt C. Nun verbindest du diesen mit P.

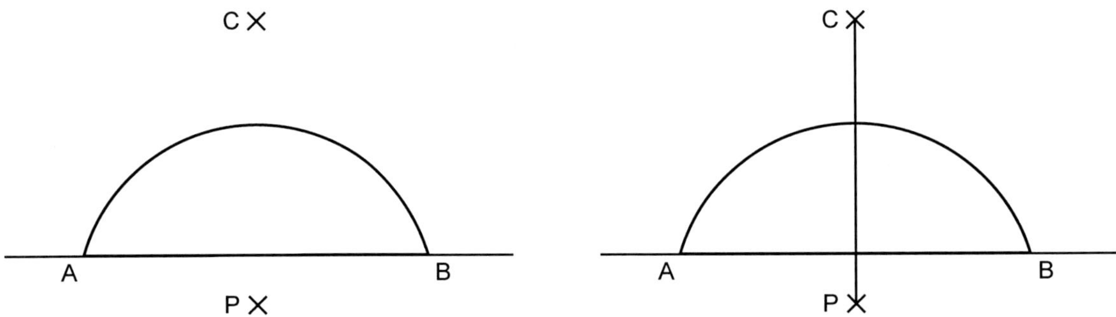

3. Konstruiere auf den nachfolgenden Geraden eine Senkrechte durch den Punkt P.

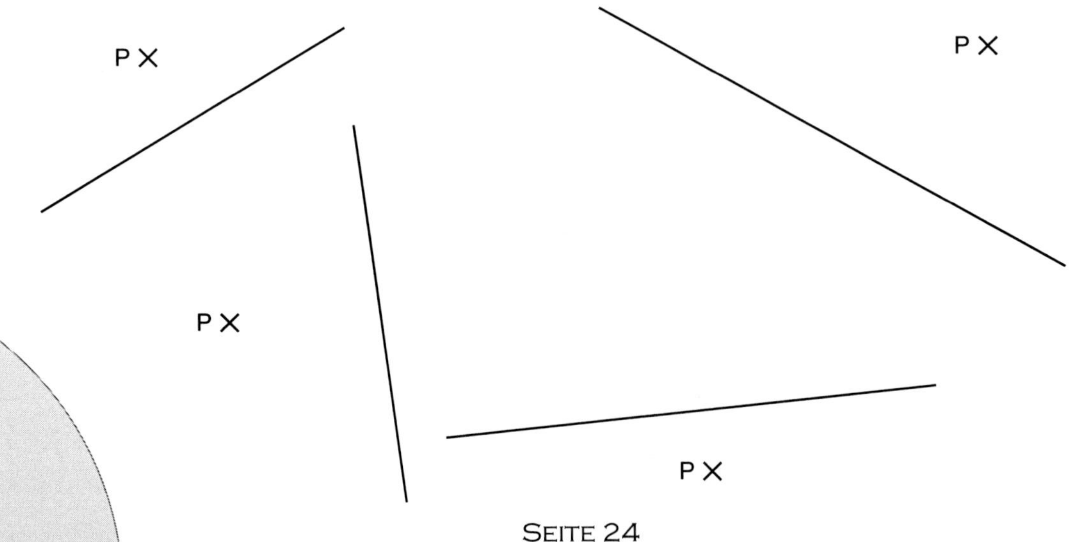

GEOMETRIE MIT DEM ZIRKEL
So werde ich Zirkelprofi! – Bestell-Nr. 11 514
KOHL VERLAG

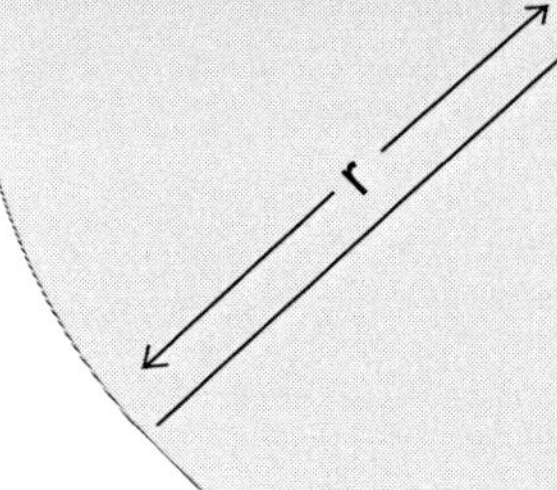

19. Parallelen zeichnen

1. In der nachfolgenden Aufgabe geht es um die Zeichnung einer Parallelen. Zu einer gegebenen Geraden g soll eine Parallele durch einen Punkt P konstruiert werden.

a) 

g

b)

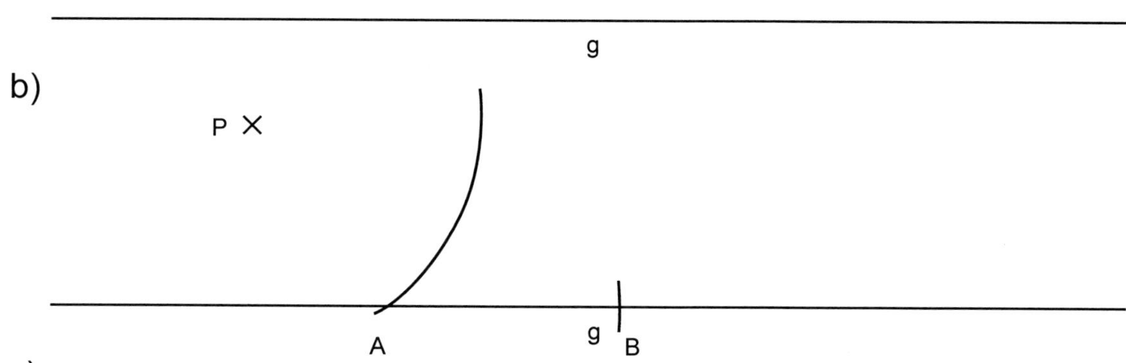

c)

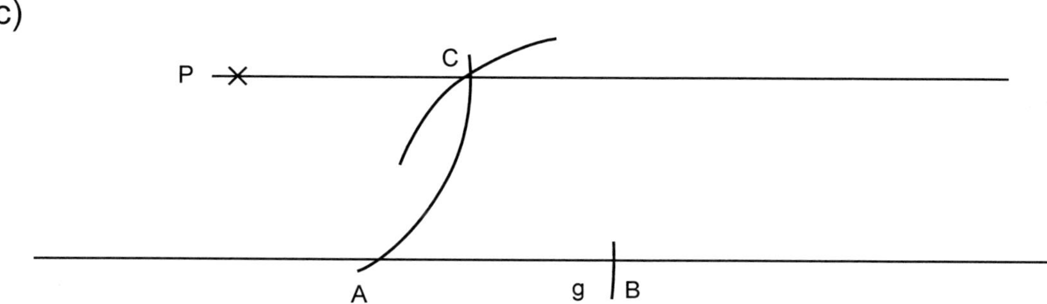

Beschreibe mit eigenen Worten die einzelnen Konstruktionsschritte.

2. Konstruiere in dein Heft eine parallele Strecke zu einer Strecke $\overline{AB}$ von 8 cm mit einem Punkt P, der 4 cm über B liegt.

20. Parallelogramme

Ein Parallelogramm ist ein Viereck, bei dem die gegenüberliegenden Seiten parallel und gleich lang sind.

In diesem Sinne sind Quadrat und Rechteck natürlich auch Parallelogramme. Wenn du die folgende Figur genau studierst, kommst du hinter das „Geheimnis" ihres Konstruktionsprinzips.

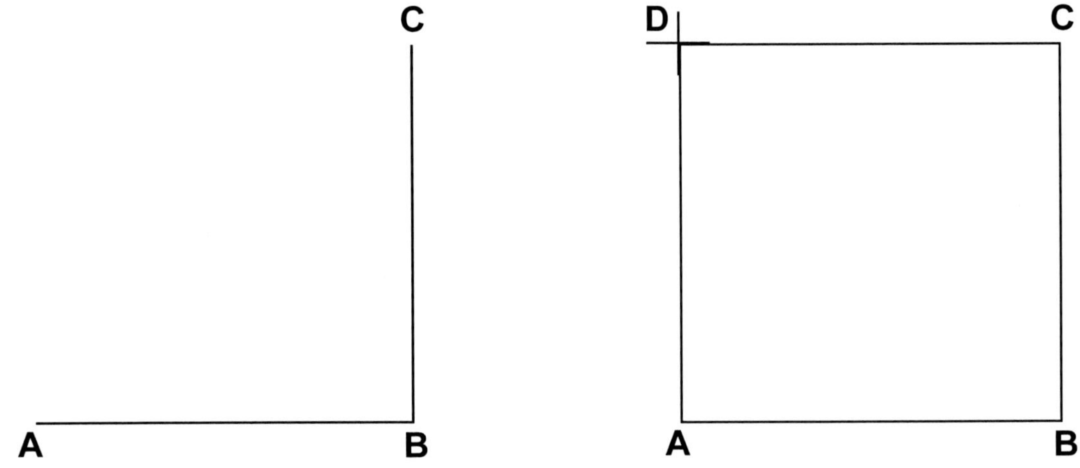

Vervollständige die nachfolgenden Zeichnungen zu Parallelogrammen.

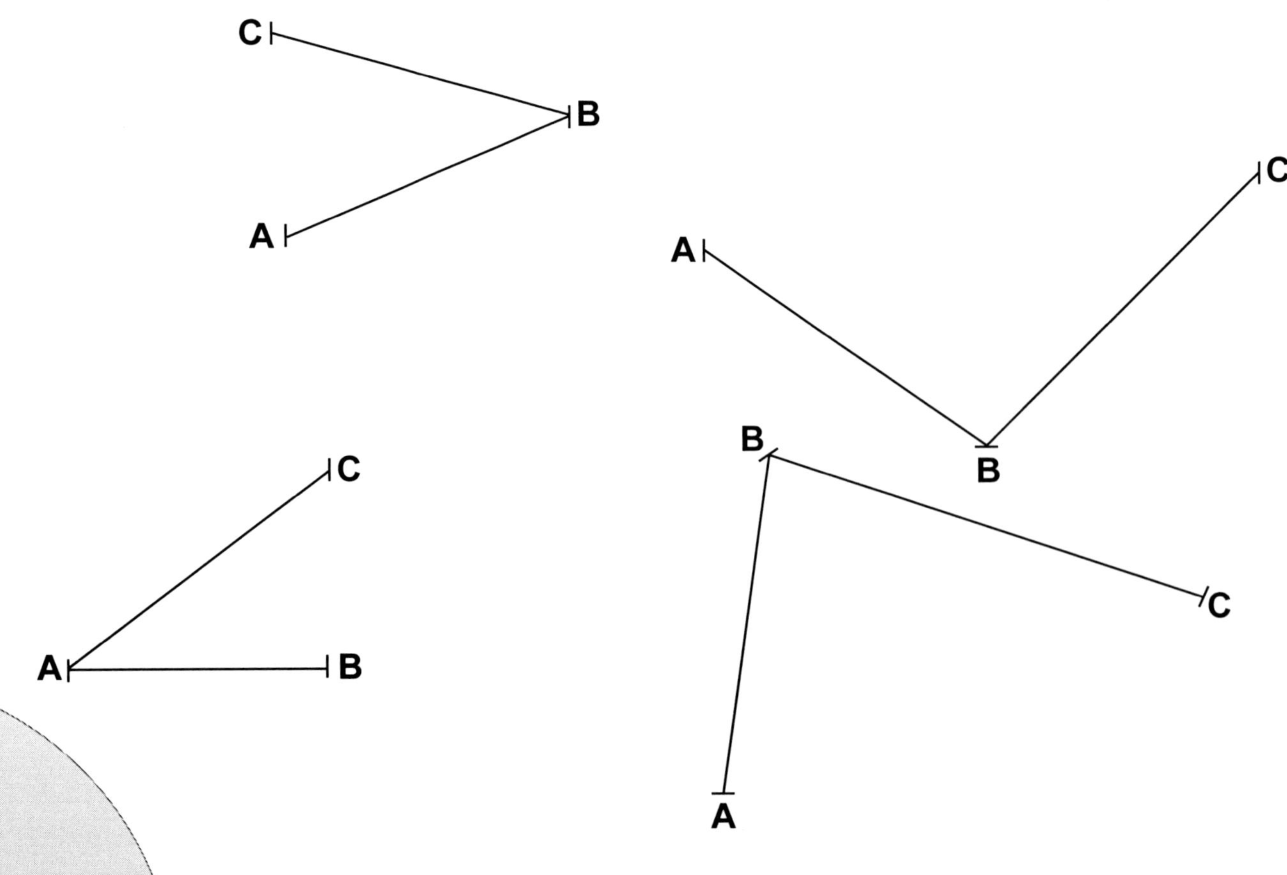

KOHL VERLAG
GEOMETRIE MIT DEM ZIRKEL
So werde ich Zirkelprofi! – Bestell-Nr. 11 514

21. Dreieckskonstruktionen

Mit dem Zirkel lassen sich auch Dreiecke konstruieren.
Wir zeichnen ein gleichseitiges Dreieck, d.h. alle drei Seiten sind gleich lang.
Beschreibe die Konstruktionsstufen anhand der nachstehenden Zeichnungen.

a)

A B

b)

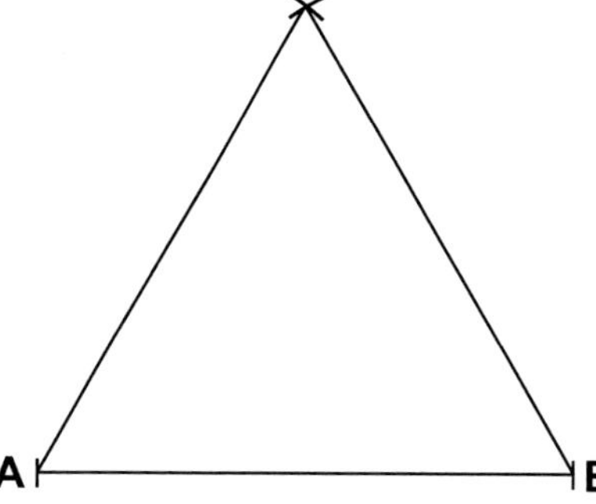

c)

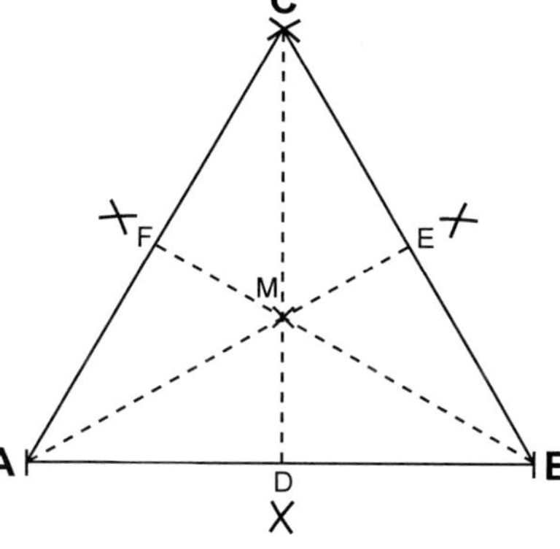

d)

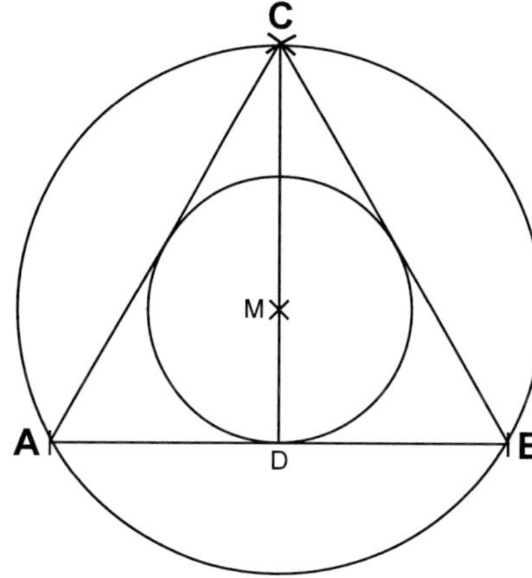

____

____

____

____

____

____

____

____

____

KOHL VERLAG
GEOMETRIE MIT DEM ZIRKEL
So werde ich Zirkelprofi! – Bestell-Nr. 11 514

22. Zwischenschritt konstruieren

Du siehst bei den folgenden Zeichnungen jeweils ein „Anfangs-“ und ein „Endbild“. Konstruiere die entsprechenden Zwischenschritte.

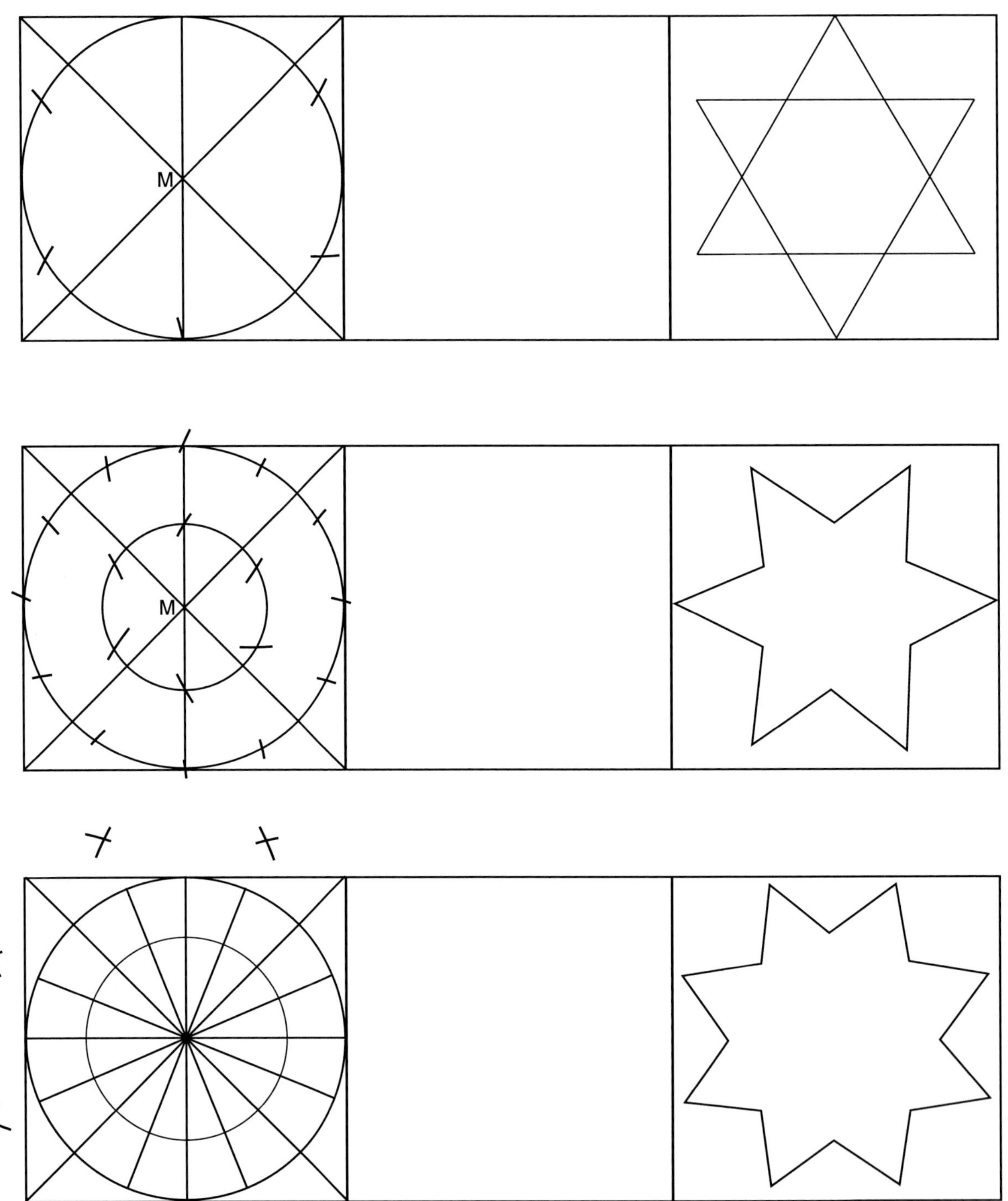

KOHL VERLAG
GEOMETRIE MIT DEM ZIRKEL
So werde ich Zirkelprofi! – Bestell-Nr. 11 514

23. Bild-Text-Zuordnung 1

Bei den folgenden Aufgaben sind jeweils drei Zeichnungen vorgegeben. Kreuze die Zeichnung an, die der unten stehenden Konstruktionsanleitung entspricht.

1.

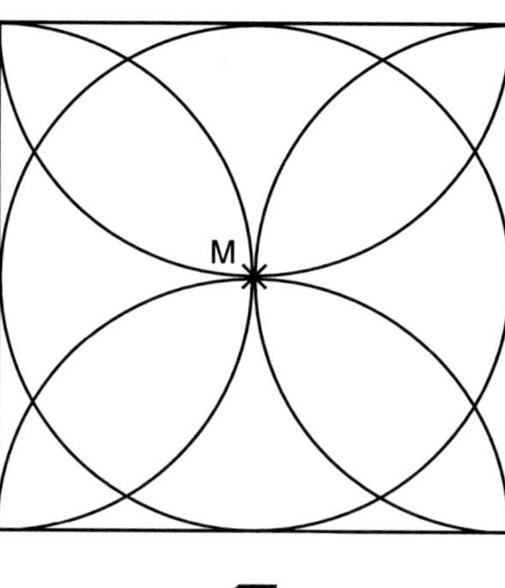

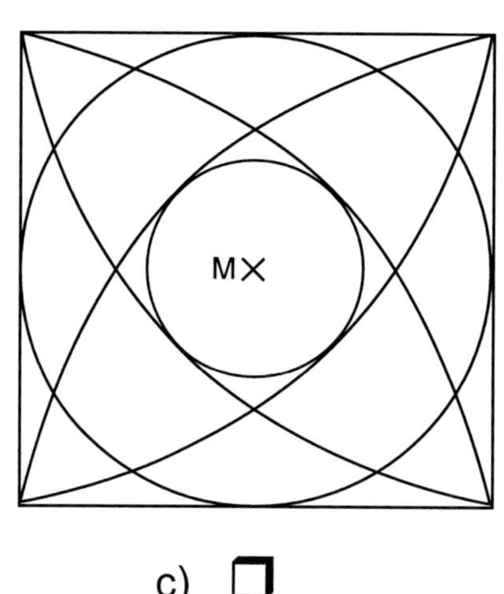

a) ❒ b) ❒ c) ❒

In einem Quadrat wird der Mittelpunkt (**M**) als Schnittpunkt der Diagonalen gefunden. Der kürzeste Abstand zwischen dem Mittelpunkt und einer beliebigen Quadratseite ist der Radius eines Kreises. Um alle Eckpunkte des Quadrates wird mit dem gleichen Radius ein Bogenstück innerhalb des Quadrates gezeichnet. Die Strecke zwischen dem Mittelpunkt und einem der Schnittpunkte der Diagonalen mit dem Bogenstück ist der Radius des Innenkreises.

2.

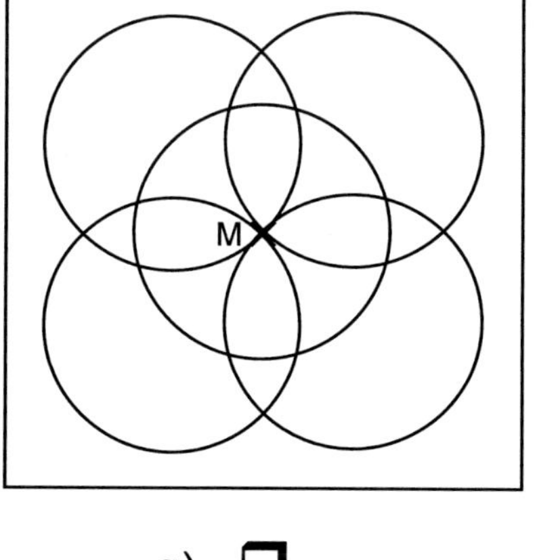

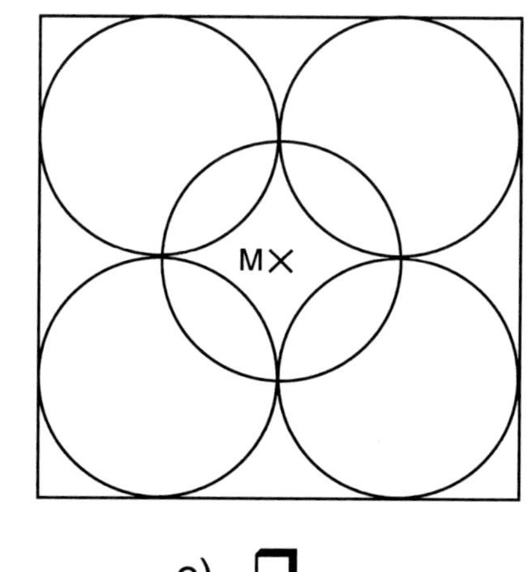

a) ❒ b) ❒ c) ❒

In einem Quadrat wird der Mittelpunkt (**M**) als Schnittpunkt der Diagonalen gefunden. Der kürzeste Abstand zwischen dem Mittelpunkt und einer beliebigen Quadratseite ist der Durchmesser eines Kreises um **M**. Die Schnittpunkte dieser Kreislinie mit den Diagonalen bilden wiederum die Mittelpunkte von Kreisen mit dem gleichen Radius.

GEOMETRIE MIT DEM ZIRKEL
So werde ich Zirkelprofi! – Bestell-Nr. 11 514
KOHL VERLAG

24. BILD-TEXT-ZUORDNUNG 2

Zu jeder der folgenden Zeichnungen werden drei Konstruktionsbeschreibungen angegeben, von denen nur eine richtig ist. Kreuze die zutreffende Beschreibung an und unterstreiche oder markiere die Fehler bei den anderen.

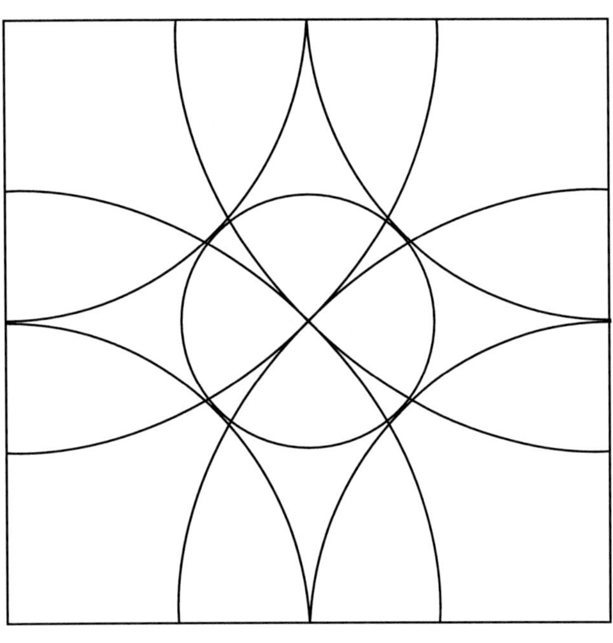

a) ❒

Gegeben ist ein Quadrat mit 8 cm Seitenlänge. Von jeder Ecke aus wird ein Kreisbogen nach innen geschlagen, dessen Radius die halbe Seitenlänge ist. Ebenfalls von jeder Ecke wird nach innen ein Kreis geschlagen mit einem Radius, der der halben Diagonalen des Quadrates entspricht. Danach wird ein Innenkreis konstruiert, dessen Radius die Strecke von einem Eckpunkt des Quadrates und dem Schnittpunkt der Diagonalen mit dem zuerst gezeichneten Bogenstück ist.

b) ❒

Gegeben ist ein Quadrat mit 8 cm Seitenlänge. Von jeder Ecke aus wird ein Kreisbogen nach innen geschlagen, dessen Radius die Seitenlänge ist. Ebenfalls von jeder Ecke wird nach innen ein Kreis geschlagen mit einem Radius, der der halben Diagonalen des Quadrates entspricht. Danach wird ein Innenkreis konstruiert, dessen Radius die Strecke vom Mittelpunkt des Quadrates und dem Schnittpunkt der Diagonalen mit dem zuerst gezeichneten Bogenstück ist.

c) ❒

Gegeben ist ein Quadrat mit 8 cm Seitenlänge. Von jeder Ecke aus wird ein Kreisbogen nach innen geschlagen, dessen Radius die Seitenlänge ist. Ebenfalls von jeder Ecke wird nach innen ein Kreis geschlagen mit einem Radius, der der halben Diagonalen des Quadrates entspricht. Danach wird ein Innenkreis konstruiert, dessen Radius die Strecke vom Mittelpunkt des Quadrates und dem Eckpunkt des Quadrates ist.

KOHL VERLAG GEOMETRIE MIT DEM ZIRKEL So werde ich Zirkelprofi! – Bestell-Nr. 11 514

25. Bild-Text-Zuordnung 3

Zur folgenden Zeichnung werden drei Konstruktionsbeschreibungen angegeben, von denen nur eine richtig ist. Kreuze die zutreffende Beschreibung an und unterstreiche oder markiere die Fehler bei den anderen.

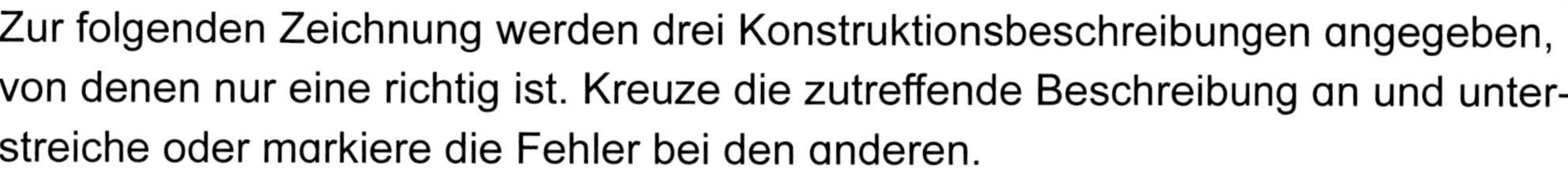

a) ❐

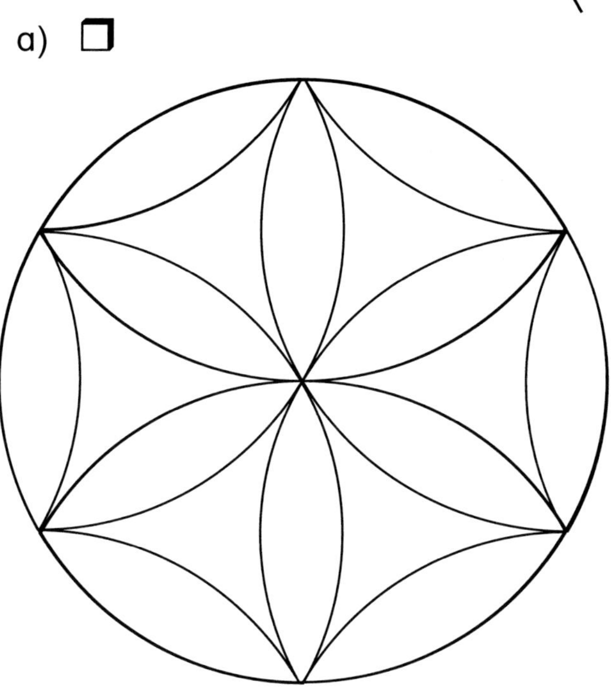

Gegeben ist ein Kreis mit einem Durchmesser von 8 cm. Von irgendeinem Punkt der Kreislinie aus wird innerhalb des Kreises ein Kreisbogen mit dem Durchmesser gezeichnet. Die Schnittpunkte des Kreises mit dem Kreisbogen bilden jeweils die Mittelpunkte für weitere Kreisbogen, bis sich eine Rosette ergibt. Danach bildet man mit dem Durchmesser von den Blattspitzen aus jeweils Schnittpunkte außerhalb des Kreises. Diese sind Mittelpunkte für die „Spinnenlinien" innerhalb des Kreises.

b) ❐

Gegeben ist ein Kreis mit einem Durchmesser von 8 cm. Von irgendeinem Punkt der Kreislinie aus wird innerhalb des Kreises ein Kreisbogen mit dem gleichen Radius gezeichnet. Die Schnittpunkte des Kreises mit dem Kreisbogen bilden jeweils die Mittelpunkte für weitere Kreisbogen, bis sich eine Rosette ergibt. Danach bildet man mit dem gleichen Radius vom Kreismittelpunkt aus jeweils Schnittpunkte außerhalb des Kreises. Diese sind Mittelpunkte für die „Spinnenlinien" innerhalb des Kreises.

c) ❐

Gegeben ist ein Kreis mit einem Durchmesser von 8 cm. Von irgendeinem Punkt der Kreislinie aus wird innerhalb eines Kreises ein Kreisbogen mit dem gleichen Radius gezeichnet. Die Schnittpunkte des Kreises mit dem Kreisbogen bilden jeweils die Mittelpunkte für weitere Kreisbogen, bis sich eine Rosette ergibt. Danach bildet man mit dem gleichen Radius von den Blattspitzen aus jeweils Schnittpunkte außerhalb des Kreises. Diese sind Mittelpunkte für die „Spinnenlinien" innerhalb des Kreises.

26. Geodiktate 1

1

Errichte auf einer Strecke mit 12 cm Länge eine Mittelsenkrechte.
Vom Schnittpunkt der Strecke mit der Mittelsenkrechten machst du nach oben eine Maßeinteilung von 1 bis 5 cm.
Jeder dieser Punkte ist Mittelpunkt eines Kreises.

2

Konstruiere ein Quadrat mit einer Seitenlänge von 4 cm.
a) Zeichne einen Innenkreis, der alle vier Seiten des Quadrates berührt.
b) Zeichne zusätzlich einen Außenkreis, der alle Eckpunkte des Quadrates berührt.

Triff Aussagen zu den Radien.

Zu a) ____

Zu b) ____

3

Zeichne eine Strecke $\overline{AB}$ mit 6 cm Länge. Errichte auf ihr die Mittelsenkrechte.
Deren Schnittpunkt mit der Strecke ist der Mittelpunkt eines Halbkreises, der die Punkte A und B berührt.
Der Schnittpunkt der Mittelsenkrechten mit der Kreislinie wird mit C bezeichnet.
Verbinde nun C mit A und B.
Welche Figur hast du konstruiert? ____________________

4

Konstruiere ein gleichseitiges Dreieck mit einer Seitenlänge von 6 cm.
Errichte auf den Strecken $\overline{AB}$(c), $\overline{BC}$(a) und $\overline{CA}$(b) die Mittelsenkrechten.
Deren Schnittpunkt bildet den Mittelpunkt des Dreiecks.

a) Zeichne einen Außenkreis um das Dreieck und triff Aussagen zum Radius.

____

b) Zeichne einen Innenkreis und triff Aussagen zum Radius.

____

GEOMETRIE MIT DEM ZIRKEL
So werde ich Zirkelprofi! – Bestell-Nr. 11 514
KOHL VERLAG

27. Geodiktate 2

1

a) Zeichne eine Strecke $\overline{AB}$ von 4 cm Länge. Nimm diese in den Zirkel und bilde von beiden Endpunkten aus einen Schnittpunkt (C) oberhalb dieser Strecke. Verbinde den gefundenen Punkt jeweils mit den Endpunkten der Strecke.

Welche geometrische Figur hast du erhalten? ______________________________

b) Suche mit dem gleichen Zirkelausschlag einen Schnittpunkt unterhalb der Strecke und verbinde den Punkt mit den Endpunkten der Strecke.

Welche Figur hast du erhalten? ______________________________

Zeichne in ein Quadrat mit 6 cm Seitenlänge die Diagonalen ein.
Der kürzeste Abstand zwischen dem Mittelpunkt (Schnittpunkt der Diagonalen) und einer Seite ist der Radius eines zu zeichnenden Innenkreises. Verbinde anschließend die Schnittpunkte der Diagonalen mit der Kreislinie.

Welche Figur hast du erhalten? ______________________________

Zeichne in einen Kreis mit r = 3 cm. Errichte eine Senkrechte, die durch den Mittelpunkt geht und die Kreislinie in zwei Punkten berührt. Nimm einen der beiden gefundenen Schnittpunkte der Senkrechten mit der Kreislinie als Ausgangspunkt für weitere Schritte. Von dem gewählten Punkt aus bildest du mit dem gegebenen Radius Schnittpunkte mit der Kreislinie, die wiederum Ausgangspunkte für neue Kreise und Schnittpunkte sind. Wenn du mit dem Kreis „rundum" bist, verbindest du die gefundenen Punkte mit dem Lineal.

Welche geometrische Figur hast du konstruiert? ______________________________

Zeichne eine Kreis mit r = 4 cm. Du nimmst den Radius in den Zirkel und stichst in einem beliebigen Punkt der Kreislinie ein. Du erhältst Schnittpunkte mit der Kreislinie, die wiederum Ausgangspunkte für weitere Kreisbogen sind. Jeweils jeden zweiten der gefundenen Schnittpunkte verbindest du mit dem Lineal.

Welche geometrische Figur hast du erhalten?

____

GEOMETRIE MIT DEM ZIRKEL
Bestell-Nr. 11 514
KOHL VERLAG

28. Kirchenfenster 1

Führe die Glaserarbeiten an den Doppelfenstern der Kirche im Sinne der vorgegebenen Muster weiter.

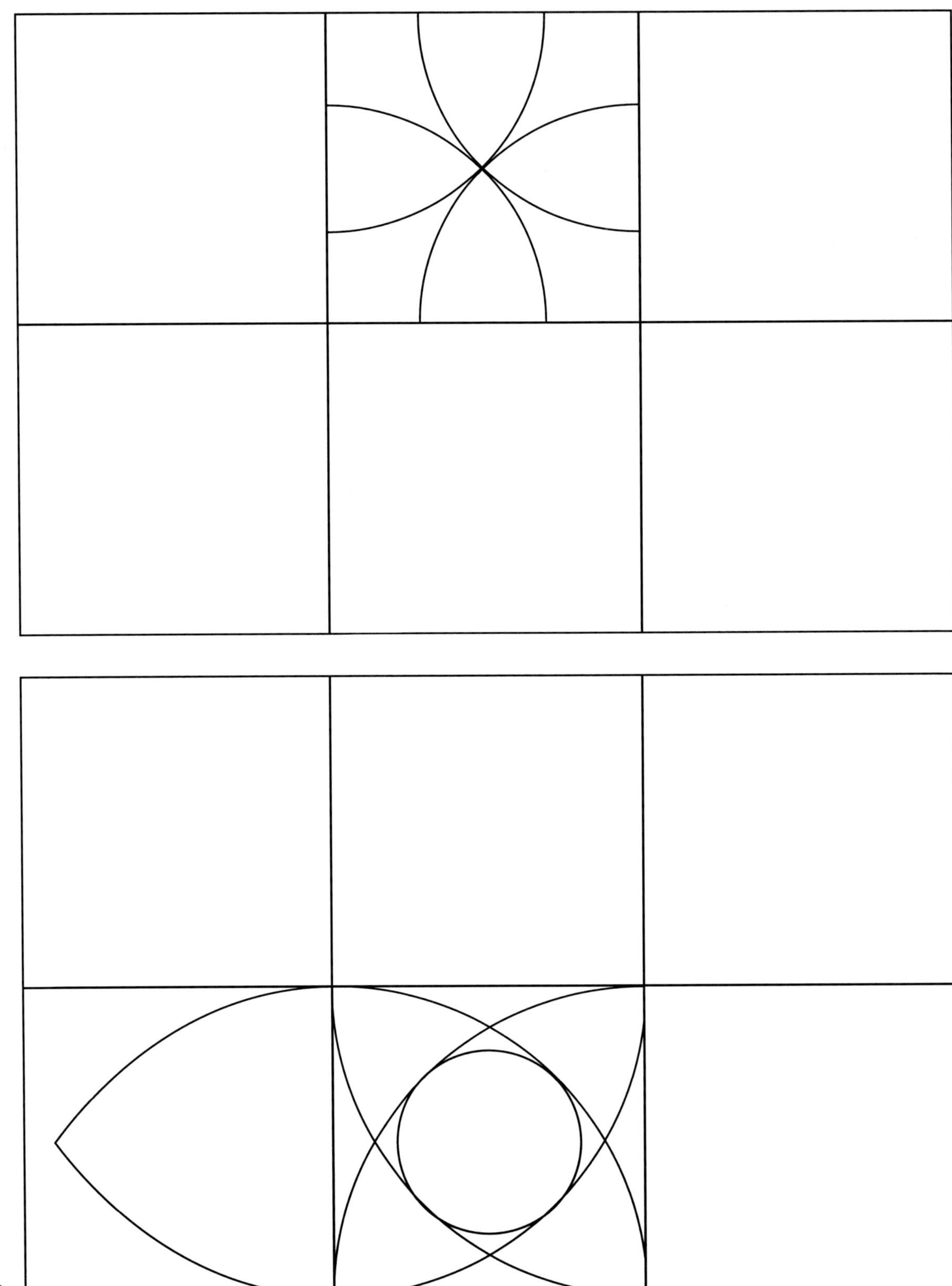

KOHL VERLAG
GEOMETRIE MIT DEM ZIRKEL
So werde ich Zirkelprofi! – Bestell-Nr. 11 514

29. Kirchenfenster 2

Führe die Glaserarbeiten an den Doppelfenstern der Kirche im Sinne der vorgegebenen Muster weiter.

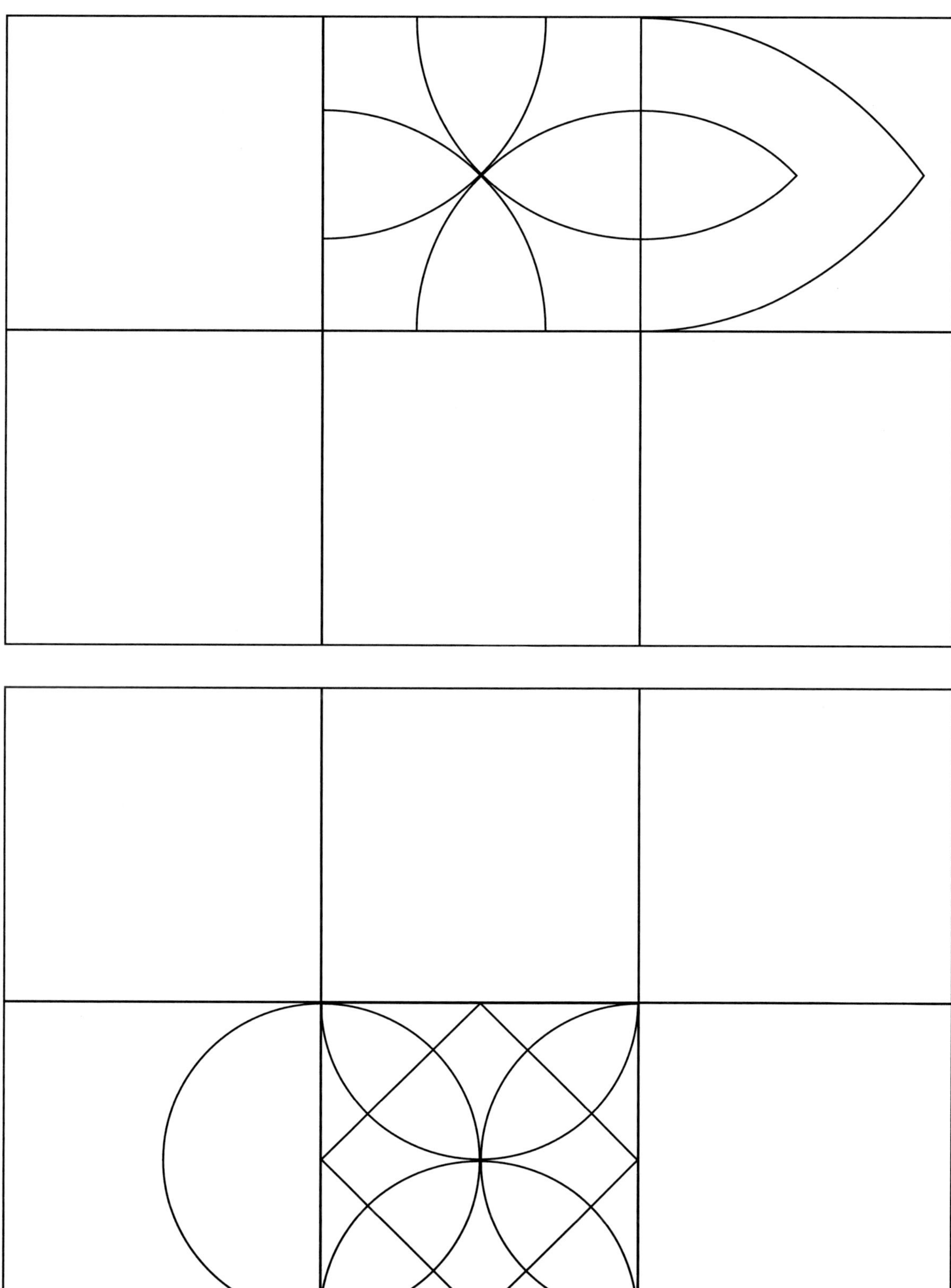

KOHL VERLAG Lernen mit Erfolg
GEOMETRIE MIT DEM ZIRKEL
So werde ich Zirkelprofi! – Bestell-Nr. 11 514

30. KIRCHENFENSTER 3

Führe die Glaserarbeiten an den Doppelfenstern der Kirche im Sinne der vorgegebenen Muster weiter.

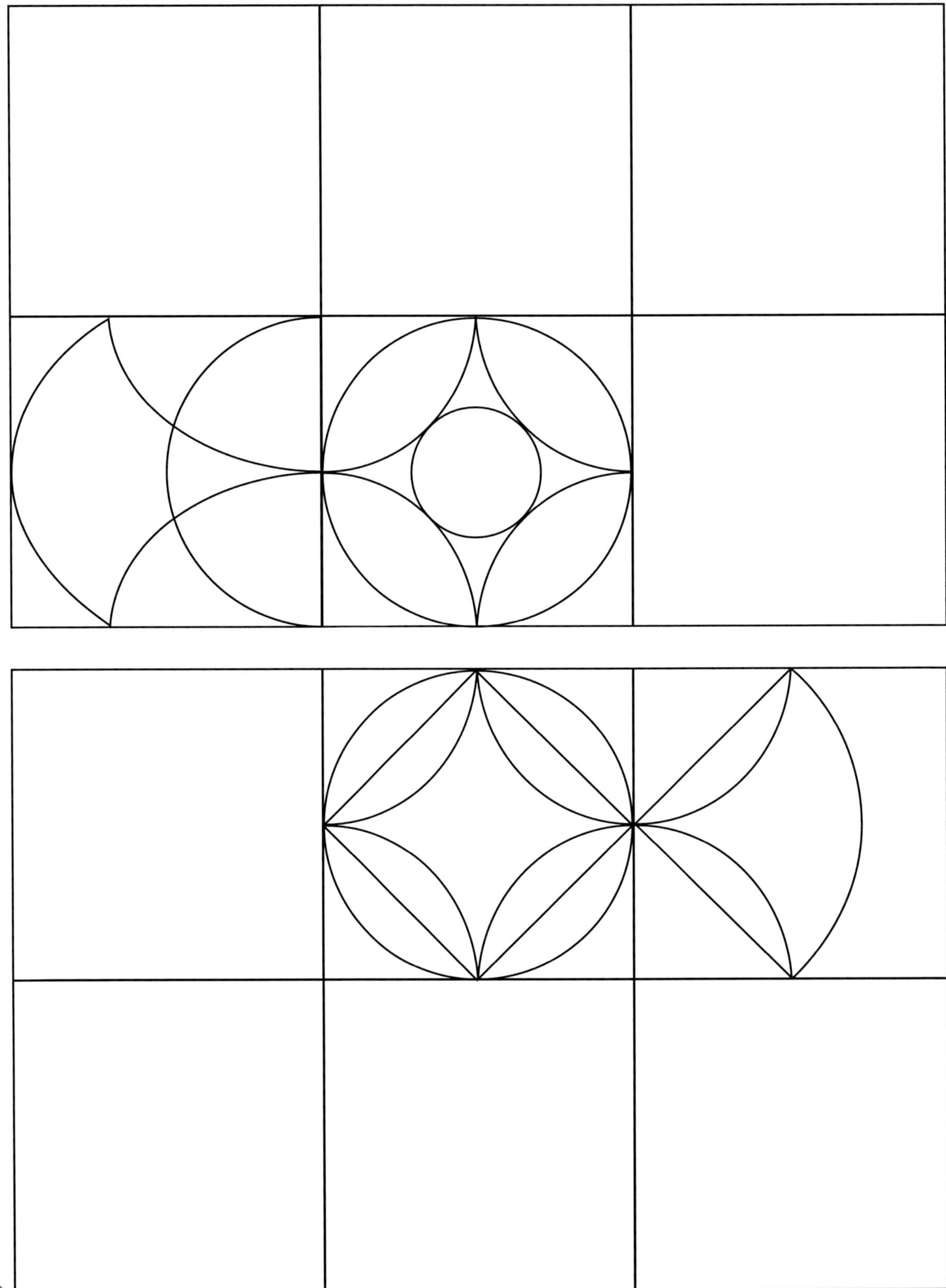

31. Bei den „alten Griechen“ 1 (Thales)

1. Wir machen einen kleinen Ausflug zu den alten Griechen.

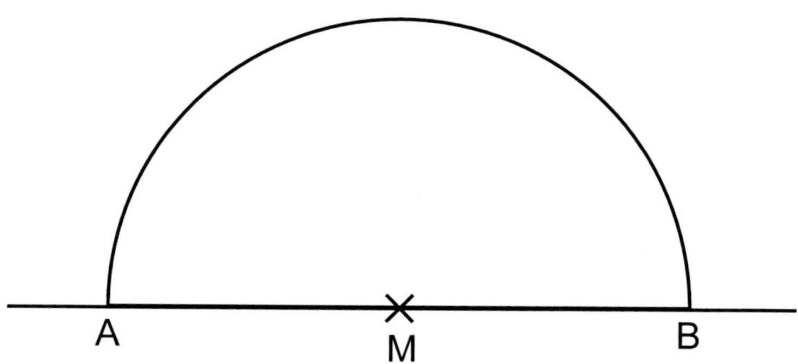

Die Strecke $\overline{AB}$ stellt hier den Durchmesser des Halbkreises dar.

2. Setze auf der Halbkreislinie an irgendeiner Stelle ein Kreuzchen und bezeichne den Punkt mit C1. Verbinde dann jeweils A und B mit C1. Miss nun den Winkel, der von C1 mit A und C1 mit B gebildet wird. Was stellst du fest?

   a) ____

   Lege in deiner Zeichnung noch einen anderen Punkt auf der Halbkreislinie fest und bezeichne ihn mit C2. Miss auch hier wieder den Winkel wie oben beschrieben. Zu welchem Ergebnis kommst du?

   b) ____

   Mach noch einen dritten Versuch mit einem Punkt an anderer Stelle der Halb-Kreislinie und verfahre wie oben. Beschreibe nun mit deinen Worten, zu welcher Erkenntnis du gekommen bist.

   c) ____

   ____

   ____

   Was du nachvollzogen hast, ist der Satz des Thales:

> Jedes Dreieck, dessen Grundseite der Durchmesser eines Halbkreises (Thaleskreis) ist und dessen Spitze auf dieser Kreislinie liegt, ist rechtwinklig.

GEOMETRIE MIT DEM ZIRKEL
So werde ich Zirkelprofi! – Bestell-Nr. 11 514

32. Figuren mit dem Thaleskreis

Mithilfe des Thaleskreises lassen sich verschiedene Figuren konstruieren.

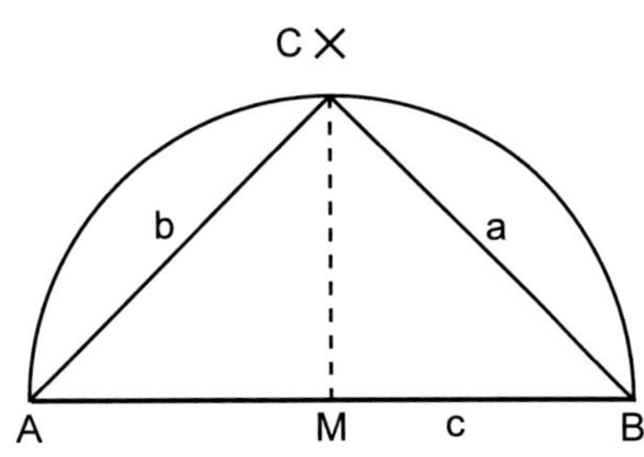

1. Über einer Strecke $\overline{AB}$ errichtet man eine Mittelsenkrechte. Der Schnittpunkt mit der Strecke $\overline{AB}$ ist M. Nun schlägt man einen Halbkreis mit M als Mittelpunkt. Der Schnittpunkt der Mittelsenkrechten mit der Halbkreislinie ist C. Man verbindet jeweils C mit A und B und erhält ein gleichschenkliges Dreieck (miss es nach).

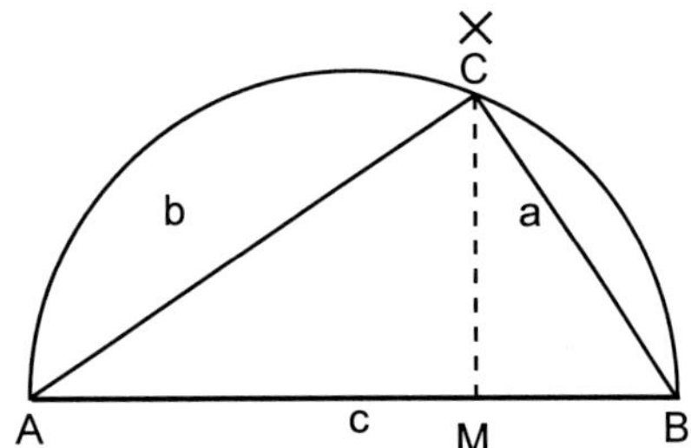

2. Zunächst zeichnet man die gleiche Konstruktion wie unter 1. Allerdings wählt man in diesem Falle einen beliebigen Punkt (C) auf der Halbkreislinie und verbindet diesen dann sowohl mit A als auch mit B. Es ergibt sich ein ungleichschenkliges Dreieck.

Ergänzt man die beiden Halbkreise zu je einem Vollkreis, kann man sowohl ein Quadrat als auch ein Rechteck konstruieren. Vervollständige mit den nachstehenden Angaben die Zeichnung.

a) Ein Quadrat (vier gleiche Seiten) ergibt sich, wenn man die Punkte A und B jeweils mit D verbindet.

b) Man findet Punkt D aber auch, indem man in A und B jeweils die Mittelsenkrechten errichtet, die die Kreislinie in D schneiden.

Ein Rechteck (je zwei gleich lange Seiten) ergibt sich mit der Konstruktionsweise wie oben unter b).

zu 1.:

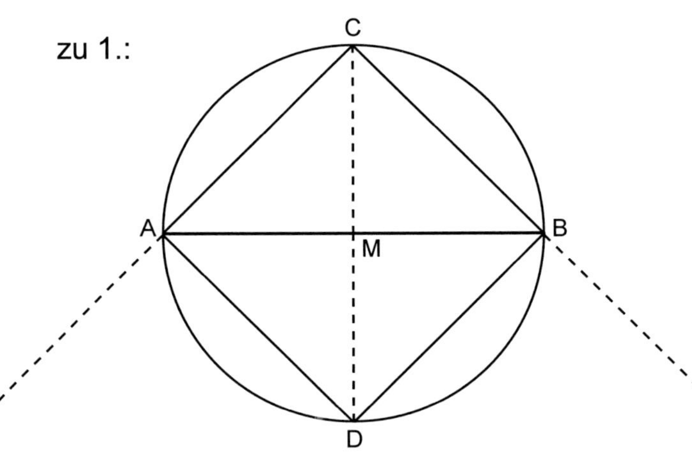

zu 2.:

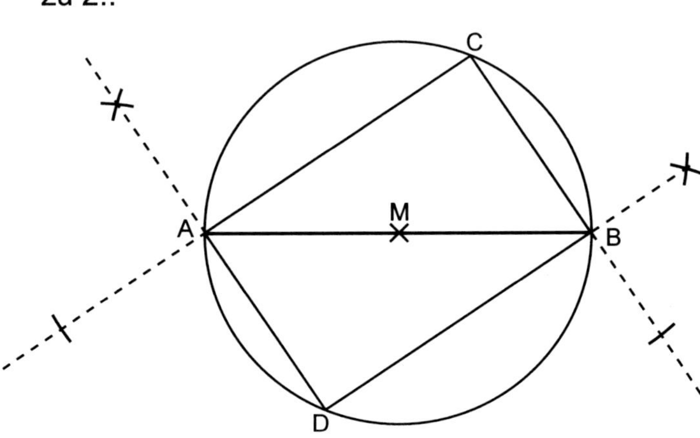

33. Bei den „alten Griechen“ 1 (Phytagoras)

1. Bleiben wir noch einen Augenblick bei den alten Griechen. In der nachstehenden Zeichnung wurde über den Seiten des Dreiecks jeweils ein Quadrat errichtet. Die Seiten **a** und **b** heißen Katheten, die Seite **c** ist die Hypotenuse.

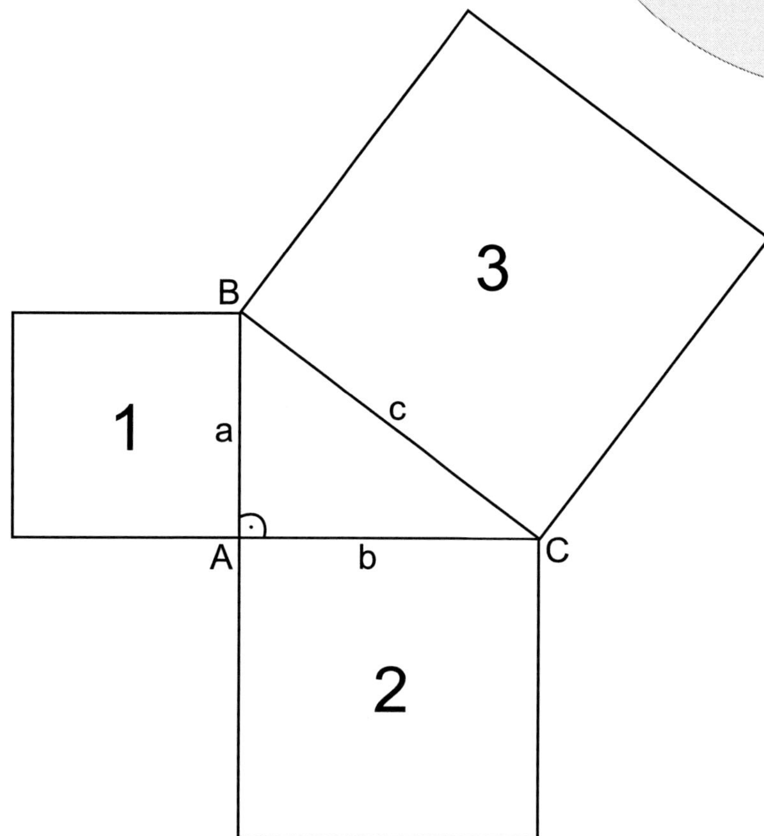

Miss die Seitenlängen und errechne die Flächeninhalte der Quadrate 1, 2 und 3.

Zu welcher Erkenntnis gelangst du? Schreibe auf.

a) ____

____

Vergleiche deine Aussage mit der folgenden:

> Im rechtwinkligen Dreieck ist die Summe der Flächeninhalte der Quadrate über den Katheten gleich dem Flächeninhalt des Quadrates über der Hypotenuse.

Das ist der Satz des Pythagoras. Hatte er recht?

b) ____

2. Welche der nachfolgenden arithmetischen Formeln entspricht der grafischen Darstellung? Kreuze an.

☐ $a \cdot b + a \cdot b = c \cdot c$	☐ $a \cdot a + c \cdot c = b \cdot b$	☐ $b \cdot c + b \cdot c = a \cdot a$
☐ $b \cdot b + c \cdot c = a \cdot a$	☐ $a \cdot a + b \cdot b = c \cdot c$	☐ $a \cdot c + a \cdot c = b \cdot b$

GEOMETRIE MIT DEM ZIRKEL
So werde ich Zirkelprofi! – Bestell-Nr. 11 514
KOHL VERLAG

34. Lückentext Phytagoras

Fülle den folgenden Lückentext aus und fertige nach dieser Beschreibung die Konstruktion mit der vorgegebenen Grundseite an.

Über der ________________ AB wird ein ________________ geschlagen.
An irgendeiner Stelle der Kreislinie wird ein ________________ C festgelegt.
Man ____________________ nun A und B jeweils mit C und erhält ein ______________________ Dreieck. Danach werden über den Katheten und der Hypotenuse mit dem ________________ Quadrate errichtet.
Zum Verbinden der ____________________ Schnittpunkte wird ein ________________ benötigt.

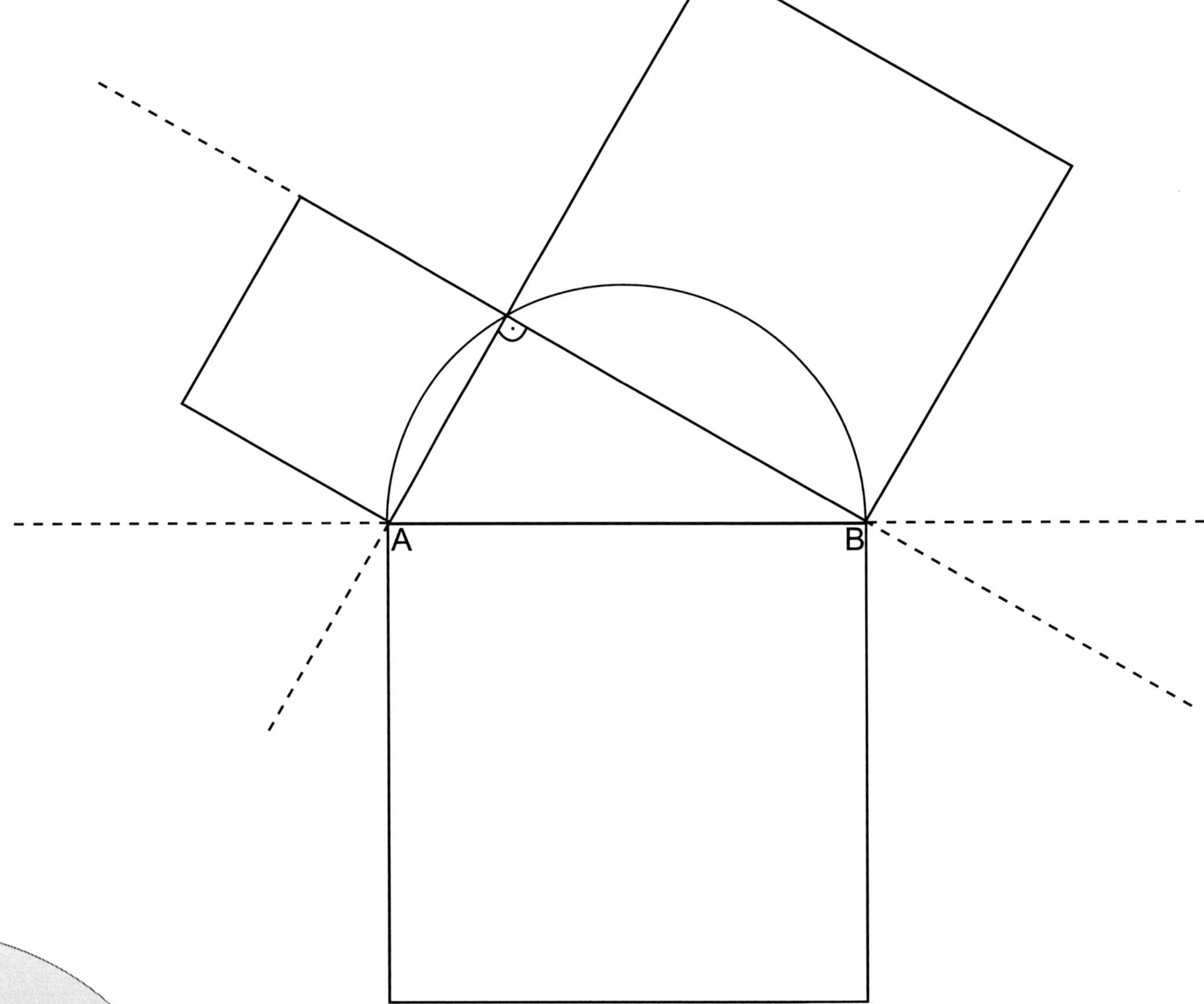

rechtwinkliges, Zirkel, verbindet, Grundseite, gefundenen, Halbkreis, Punkt, Lineal

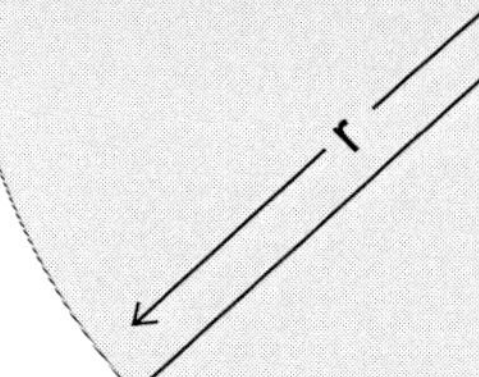

35. Konstruktion mit gegebenen Katheten

Dreieckskonstruktionen lassen sich nicht nur aus vorgegebenen Hypotenusen, sondern auch aus vorgegebenen Katheten herleiten.

1.

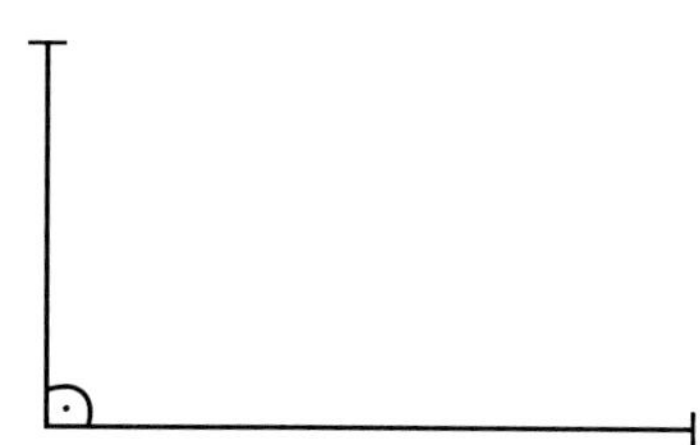

2.

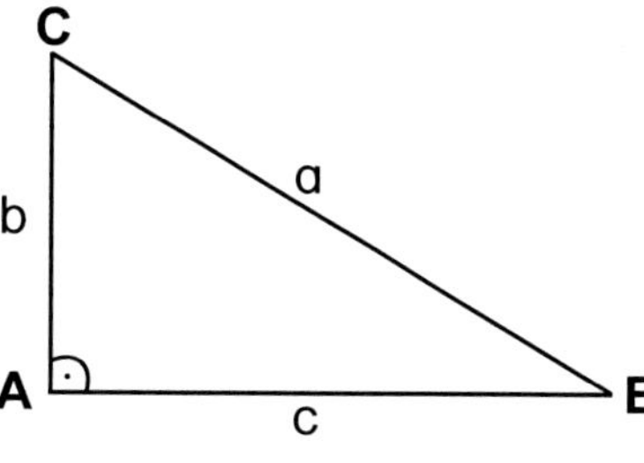

3.

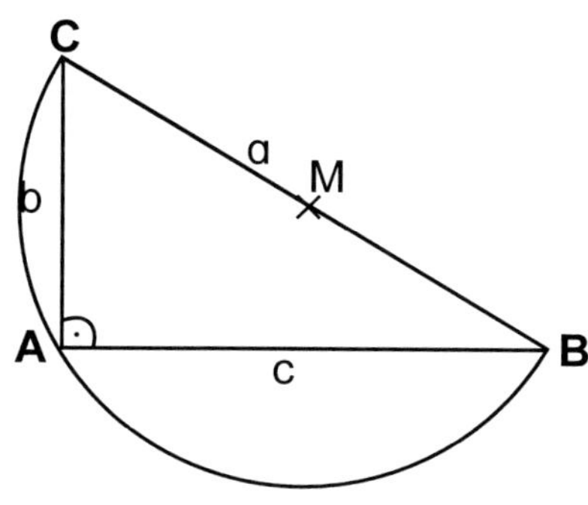

4.

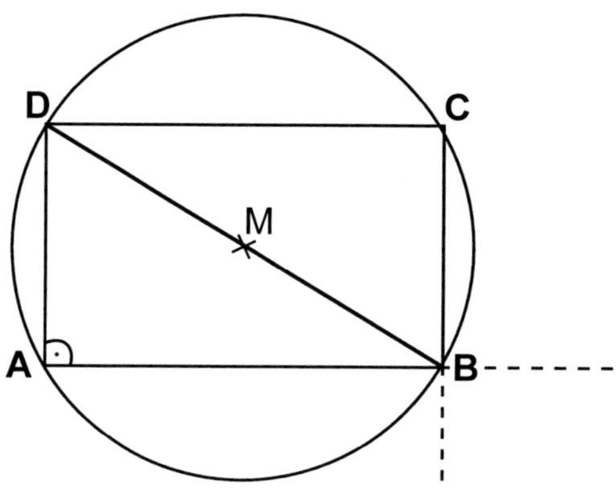

Beschreibe die aus der Zeichnung ersichtlichen Konstruktionsstufen:

____

____

____

____

____

<u>Aufgaben</u>: 1. Konstruiere ein Rechteck mit den Seitenlängen b = 2,5 cm und c = 4 cm.
2. Miss die Länge der Hypotenuse und multipliziere das Ergebnis mit sich selbst. Vergleiche dieses Ergebnis mit der Summe aus den Quadraten über den Seiten b und c.

____

____

36. Winkel halbieren

Nachstehend siehst du die Abfolge der Halbierung eines rechten Winkels mit dem Zirkel.

a)

b)

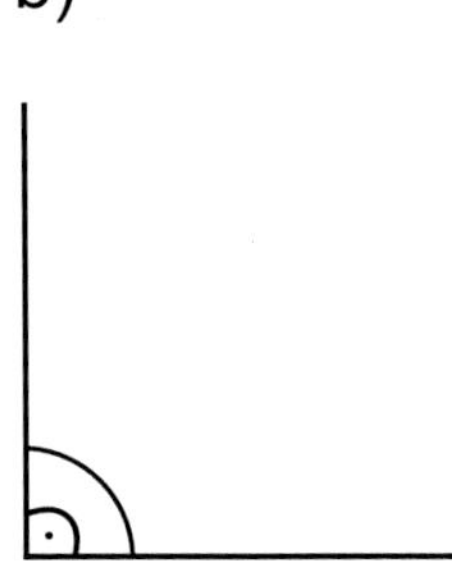

c)

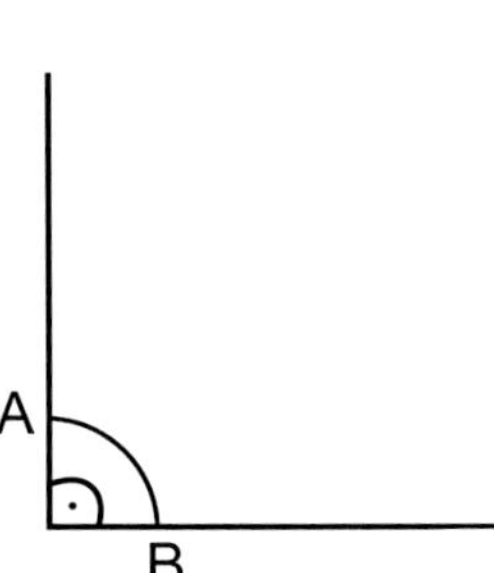

d)

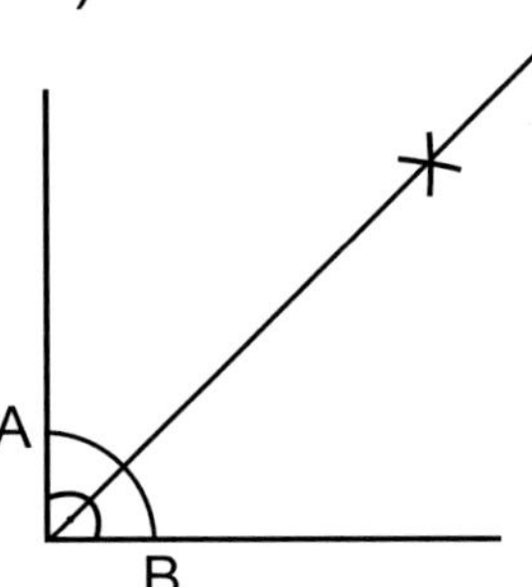

1. Beschreibe die Konstruktionsschritte:

   a) ____________________

   b) ____________________

   c) ____________________

   d) ____________________

2. Wie groß ist der Ausgangswinkel und wie bezeichnet man ihn?
   Wie groß sind jeweils die halben Winkel?

   ____

3. Halbiere den folgenden Winkel.

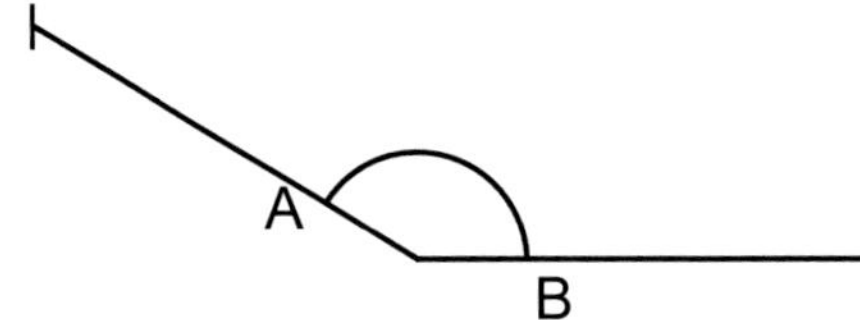

4. Welche Winkel kennst du noch?

   ____

   ____

GEOMETRIE MIT DEM ZIRKEL – Bestell-Nr. 11 514
So werde ich Zirkelprofi!
KOHL VERLAG

Hinweise und Lösungen

<u>Vorbemerkung</u>: Die sofort ins Auge fallenden Lösungen von Aufgaben haben wir im Folgenden vernachlässigt. Empfehlenswert ist es, die SchülerInnen eine Mappe für die Übungsblätter anlegen zu lassen.

AB 1:

1. 5,5 cm
2. Es handelt sich hier um eine Fangfrage. Der Abstand entspricht dem Radius.
3. 11 cm, also doppelter Radius

AB 5: Es ist darauf zu achten, dass die jeweiligen Mittelpunkte der Kreise auf der Senkrechtachse die gleichen Abstände haben.

AB 6:

1. Die Mittelpunkte werden durch Halbieren der Durchmesser (Lineal!) ermittelt.

AB 7:

1. Die Radien der Kreise betragen 1cm, bzw. ein Vielfaches von 1 cm.
2. Die Schnittpunkte der Bogen mit dem Kreis bilden jeweils die Spitzen der Blütenblätter.

AB 8: Die Radien werden durch Messen mit dem Lineal ermittelt.

AB 9: Das ist wie bei Bedienungs- oder Montageanleitungen: Man muss außerordentlich genau und konzentriert lesen, wenn es sein muss, mehrmals, da hier jedes Wort wichtig ist.

AB 10: Es empfiehlt sich, die Textschritte anhand der Zeichnung zu verfolgen.
<u>Achtung</u>: Der Radius der Innenkreise bleibt immer gleich.

AB 11: Nun wird es interessant, aber auch schwierig: Einen Konstruktionstext verfassen. Achten Sie bei den Formulierungen auf die Präzision. Das ist der Sinn dieser Aufgabengruppe.

<u>Mögliche Antworten:</u>

A: Die Seite des Quadrates nehme ich in den Zirkel (… bildet den Radius). Dann schlage ich von einer Ecke aus mit dem Radius einen Kreisbogen bis in zwei andere Ecken. Wenn ich das von allen Ecken aus gemacht habe, ergibt sich das entsprechende Muster.

B: Die halbe Seitenlänge des Quadrates ist der Radius. Die Mittelpunkte der Halbkreise liegen genau in der Mitte der Seiten.

AB 12: Es muss den SchülerInnen zunächst klar sein, dass der Mittelpunkt des Quadrates am einfachsten durch den Schnittpunkt der Diagonalen gefunden wird.

A: Zuerst zeichne ich einen Kreis in das Quadrat. Der Radius ist die halbe Seitenlänge des Quadrates. Dann schlage ich mit dem Radius von jeder Ecke des Quadrates aus einen Kreisbogen bis an die Seiten des Quadrates (…bis an den Kreis).

B: Der Radius ist der Abstand zwischen einer Ecke des Quadrates und dessen Mittelpunkt. Von jeder Ecke des Quadrates aus schlage ich mit dem Zirkel einen Kreisbogen, der jeweils die Seiten des Quadrates berührt.

<u>Anmerkung</u>: Den SchülerInnen sollte vorab erklärt werden, dass ein Kreisbogen ein Teil eines Kreises ist.

Hinweise und Lösungen

AB 13: Mögliche Antworten:

A: Ich wähle einen Radius, der kleiner ist als die Strecke zwischen einer Ecke und dem Mittelpunkt des Quadrates. Vom Mittelpunkt des Quadrates aus bilde ich mit meinem gewählten Radius jeweils Schnittpunkte mit den Diagonalen. Diese sind die Mittelpunkte der (vier) Kreise.

B: Die halbe Strecke zwischen einer Ecke und dem Mittelpunkt des Quadrates (= ¼ Diagonale) ist mein Radius. Zunächst zeichne ich mit diesem einen Kreis um den Mittelpunkt des Quadrates. Die Schnittpunkte der Kreislinie mit der Diagonalen bilden meine neuen Mittelpunkte für die weiteren Kreise.

Anmerkung: Die Konstruktionsbeschreibungen der AB 11-13 sind für die SchülerInnen sehr schwierig. Tipp: Vielleicht mit der Klasse gemeinsam erarbeiten und die Arbeitsschritte an der Tafel festhalten.

AB 14: Hier werden einige grundlegende Begriffe der Geometrie ganz allgemein erörtert. Das sollte ruhig ein bisschen „gepaukt" werden.

AB 16:

1. In den Schnittpunkten der Kreislinie mit dem (verlängerten) Durchmesser werden Senkrechten oberhalb und unterhalb der Strecke errichtet. Diese werden oben und unten mit dem Radius abgelängt. Die gefundenen Punkte werden miteinander verbunden. Der doppelte Radius entspricht dem Durchmesser. Der Durchmesser entspricht der Kantenlänge des Quadrates.

AB 19:

1b. Vom Punkt P aus schlägt man mit dem Zirkel einen Bogen auf die Grundlinie, wobei der Radius größer sein muss als der Abstand zwischen P und g.
Vom gefundenen Schnittpunkt A aus wird der gleiche Radius auf der Geraden abgetragen (Punkt B).

1c. Mit dem gleichen Zirkelschlag wird ein Bogen um B geschlagen, der den ersten Bogen im Punkt C schneidet. Die Gerade durch P und C ist die Parallele.

AB 21:

b. Mit dem Zirkel steche ich in den Punkten A und B mit dem Radius AB ein. Der Schnittpunkt der Kreisbogen ist C. Damit habe ich ein gleichseitiges Dreieck.

c. Der Schnittpunkt der Mittelsenkrechten auf den Dreiecksseiten ist der Mittelpunkt des Dreiecks.

d. Der Radius des Außenkreises ist die Strecke $\overline{AM}$ ($\overline{BM}$/ $\overline{CM}$).
Der Radius des Innenkreises ist die Strecke $\overline{DM}$.

AB 22:

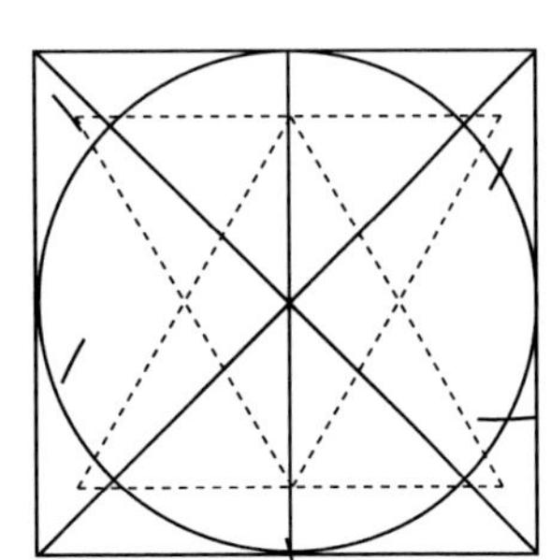

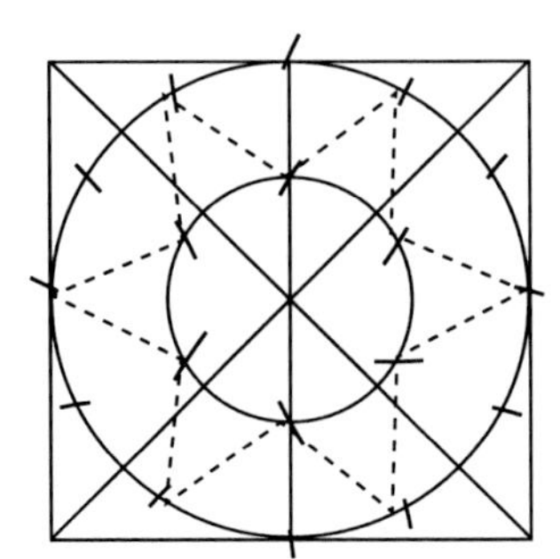

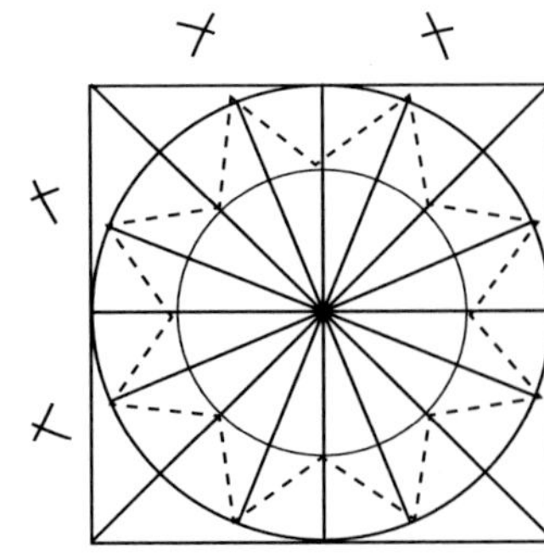

HINWEISE UND LÖSUNGEN

AB 23: 1.b / 2.a

AB 24: a

AB 25: c

AB 26:

1.

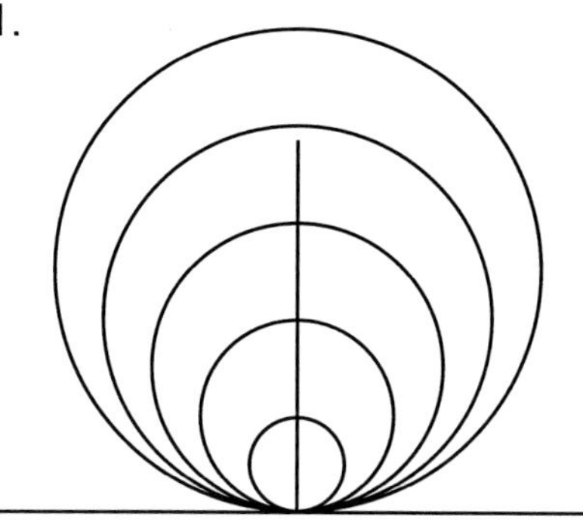

2. <u>Mögliche Antworten:</u>

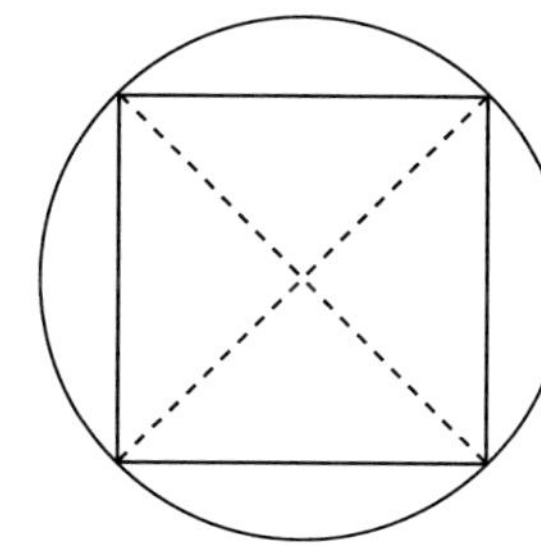

a Der Radius ist der Abstand zwischen dem Mittelpunkt des Kreises und der Hälfte einer Seite (oder: der kürzeste Abstand zwischen dem Mittelpunkt und einer Seite).

b Der Radius ist die halbe Diagonale.

3. Ein (gleichschenkliges) Dreieck

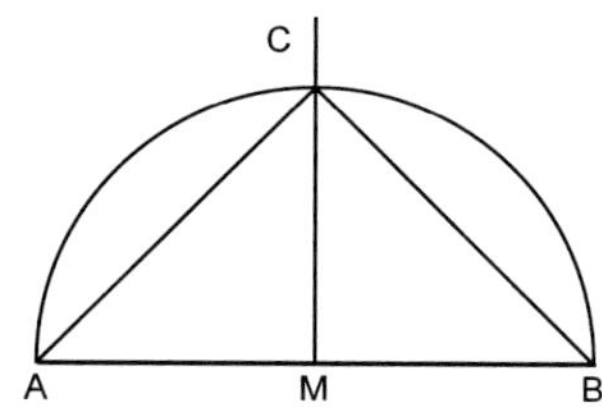

4. <u>Mögliche Antworten:</u>

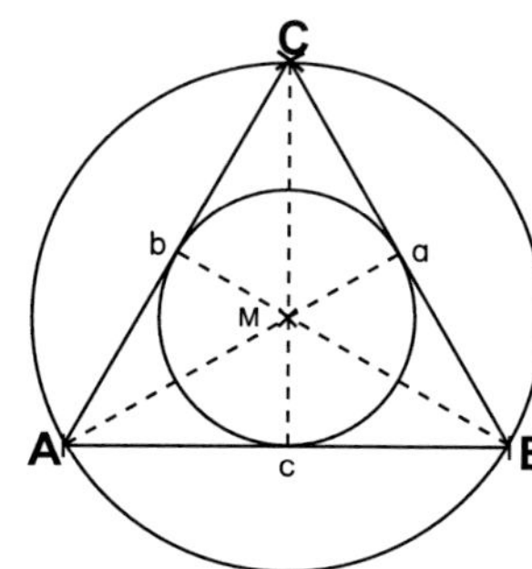

a Der Radius ist der Abstand zwischen dem Mittelpunkt und einer Spitze des Dreiecks (A, B oder C).

b Der Radius ist der kürzeste Abstand zwischen dem Mittelpunkt und einer Seite (oder: der Abstand zwischen M und der Hälfte einer Seite).

AB 27:

1.a Ein Dreieck

1.b Ein Parallelogramm

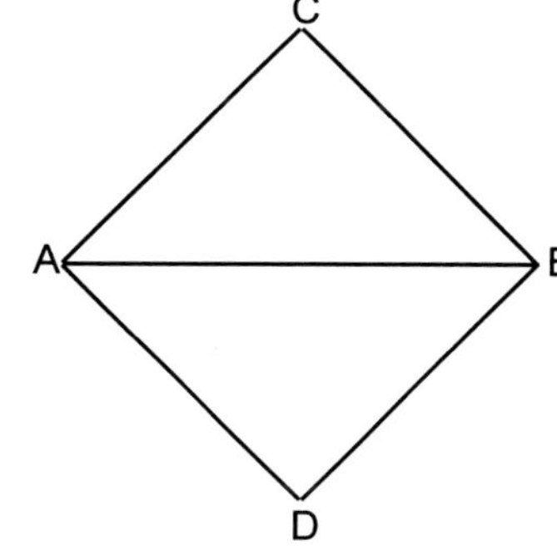

Hinweise und Lösungen

2.: Ein Quadrat

3.: Ein Sechseck

4.: Ein Dreieck

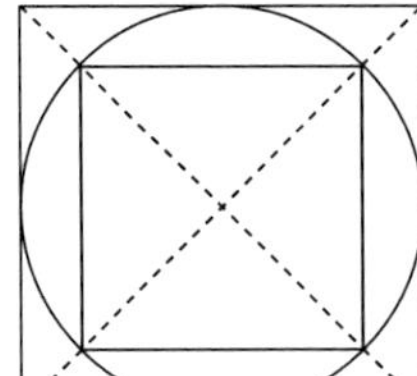

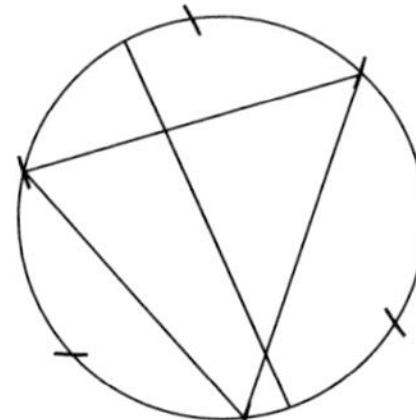

AB 31:

2.: a) Der Winkel beträgt 90°
b) Der Winkel beträgt 90°
c) Mögliche Antwort: Egal welchen Punkt man auf dem Halbkreis wählt und ihn mit A und B verbindet, es entsteht immer ein rechtwinkliges Dreieck.

AB 33:

1.a: Mögliche Antwort: Die Flächeninhalte von 1 ($3 \cdot 3 = 9\ cm^2$) und 2 ($4 \cdot 4 = 16\ cm^2$) ergeben in der Summe den Flächeninhalt von 3 ($5 \cdot 5 = 25\ cm^2$).

1.b: Ja, er hatte recht (es stimmt).

2.:

☐ $a \cdot b + a \cdot b = c \cdot c$	☐ $a \cdot a + c \cdot c = b \cdot b$	☐ $b \cdot c + b \cdot c = a \cdot a$
☐ $b \cdot b + c \cdot c = a \cdot a$	☒ $a \cdot a + b \cdot b = c \cdot c$	☐ $a \cdot c + a \cdot c = b \cdot b$

AB 34: Über der Grundseite AB wird ein Halbkreis geschlagen. An irgendeiner Stelle der Kreislinie wird ein Punkt C festgelegt. Man verbindet nun A und B jeweils mit C und erhält ein rechtwinkliges Dreieck. Danach werden über den Katheten und der Hypotenuse mit dem Zirkel Quadrate errichtet. Zum Verbinden der gefundenen Schnittpunkte wird ein Lineal benötigt.

AB 35: Mögliche Antworten:

1. Man konstruiert mit einer waagerechten und einer senkrechten Geraden einen rechten Winkel.
2. Man verbindet die Endpunkte der Geraden und legt die Bezeichnungen der Konstruktion fest.
3. Man teilt die Strecke a und hat damit den Mittelpunkt eines Halbkreises über a.
4. Durch Spiegelung erhält man einen Kreis und ein Rechteck.

AB 36: Mögliche Antworten:

Zu 1.a: Man zeichnet einen rechten Winkel.
Zu 1.b: Man schlägt mit dem Zirkel vom Schnittpunkt der beiden Geraden einen beliebigen Bogen innerhalb der Schenkel.
Zu 1.c: Die Schnittpunkte des Bogens mit den Schenkeln werden mit A und B bezeichnet.
Zu 1.d: Von A und B aus schlägt man jeweils einen Bogen innerhalb des Winkels. Den Schnittpunkt der Bogen verbindet man mit dem Schnittpunkt der Geraden.

Formulierungs-Anregungen für Bewertungen

Natürlich nimmt die Zirkelarbeit nur einen kleinen Teil des Mathematik-Unterrichtes ein. Dennoch könnte es sein, dass manchmal im Hinblick auf die Bewertung einer Leistung in diesem Bereich Auffälligkeiten zu erwähnen sind. Dazu sollen diese Vorschläge eine kleine Hilfe sein.

Handwerklicher Umgang

1 Im handwerklichen Umgang mit dem Zirkel hat ... nicht die geringste Mühe/ beweist außerordentliches Geschick.
2 Der handwerkliche Umgang mit dem Zirkel stellt für ... kein Problem dar.
3 Der handwerkliche Umgang mit dem Zirkel gelingt ... schon recht gut.
4 Der handwerkliche Umgang mit dem Zirkel bereitet ... noch einige Mühen.
5 Der handwerkliche Umgang mit dem Zirkel stellt ... noch vor große Probleme.

Zeichnerische Ausführung

1 Die Ergebnisse von ... Arbeit mit dem Zirkel sind überaus sauber und exakt ausgeführt.
2 Die Ergebnisse von ... Arbeit mit dem Zirkel sind sauber und exakt ausgeführt.
3 ... Arbeiten mit dem Zirkel werden ordentlich ausgeführt.
4 ... Arbeiten mit dem Zirkel bedürfen im Hinblick auf die Ausführung noch etwas mehr Anstrengungsbereitschaft.
5 ... Arbeiten mit dem Zirkel erfüllen noch nicht die Anforderungen an eine ordentliche Ausführung.

Erkennen von Konstruktionen

1 Konstruktive Merkmale von Vorlagen wurden von ... außerordentlich schnell und sicher erkannt/konnten präzise in eigener zeichnerischer Umsetzung bestätigt werden.
2 Konstruktive Merkmale von Vorlagen konnten von ... schnell und sicher erkannt werden. Auch die eigene zeichnerische Umsetzung bestätigte diese Fähigkeit.
3 Die grundlegenden Merkmale einer Konstruktion können im Wesentlichen von ... erkannt und in eigener zeichnerischer Umsetzung auch weitgehend bestätigt werden.
4 Grundlegende Merkmale einer Konstruktion zu erkennen, bereitet .... noch Mühe. Entsprechend gelingt die eigene zeichnerische Umsetzung nicht ganz problemlos.
5 Konstruktive Merkmale von Vorlagen werden von ... nur unter Mühen und mit Hilfen erkannt. Die zeichnerische Umsetzung stellt ... noch vor Probleme.

Formulierungs-Anregungen für Bewertungen

Kreatives Arbeiten

1 Mit außerordentlich kreativem Vermögen erkundet ... bereits konstruktives Neuland.
2 Die kreativ-zeichnerische Umsetzung eigener figürlicher Ideen von ... ist bemerkenswert.
3 Im kreativen Umgang mit dem Werkzeug Zirkel gelingen ... schon recht ansehnliche Ergebnisse.
4 ... eigenschöpferische Arbeiten mit dem Zirkel sind noch nicht sehr ausgeprägt.
5 Der Umgang mit dem Zirkel ist in kreativer Hinsicht noch nicht selbstständig, sondern nur mit einiger Hilfe möglich.

....

Ergänzungen zu Lernfortschritten

- Durch vermehrte Übungen vermochte ...
- Nach anfänglichen Schwierigkeiten zeigte ...
- Bereits nach kurzer Zeit bewältigte ...
- Nach kurzer Übungsphase gelang es ...
- Mit zunehmender Übung wuchs ...